입맛은 살리고 건강을 채우는

율아맘의
무염·저염 유아식

입맛은 살리고 건강을 채우는

율아맘의 무염 저염 유아식

율아맘 김시연 지음

Booksgo

아이에게
걱정 없는 한 끼를 줄 수 있도록

아이를 낳고 가장 힘들었던 순간이 있다면, 분유도 이유식도 잘 안 먹는 아이 모습을 볼 때였어요. 2.69kg으로 작게 태어난 첫째는 태어난 순간부터 분유를 잘 안 먹었고 몸무게 성장 속도도 더뎠죠. 답답한 마음에 넘쳐나는 정보 속에서 분유 총량과 이유식 총량의 숫자에 더욱 집착했고, 아이가 평소보다 덜 먹는 날에는 울기까지 했어요.

분유를 잘 안 먹으니 이유식은 잘 먹을까 싶어 5개월부터 이유식을 시작했어요. 초기 이유식은 잘 먹는 편이었는데, 중기 이유식부터 '이 정도로 안 먹어도 괜찮은 건가?' 싶을 정도로 거부하더라고요.

이후로 안 해 본 게 없습니다. 아이가 좋아하는 인형으로 밥 먹여 주기, 숟가락을 다양하게 바꿔서 주기, 자기 주도 이유식하기, 질감을 올리고 내려보기 등 제가 할 수 있는 건 다 해 보았어요. 그런데 한 가지 잘못한 게 있더라고요. 이유식을 너무 안 먹으니 어떻게든 하루 총량이라도 맞춰 보겠다며 분유를 그만큼 보충했고 결국 악순환이 시작됐습니다. 이렇게 힘든 시기를 보내며, 10개월부터 유아식을 시작했어요. '이렇게 빨리 시작해도 되는 건가?' 싶었지만 육아에는 정답이 없잖아요. 내 아이를 가장 잘 아는 내가 결정하는 게 정답이죠.

오히려 아이는 유아식을 시작하고 밥을 잘 먹기 시작했어요. 너무 기뻤죠. 이렇게 잘 먹는 아이 모습을 본다는 게 꿈만 같았어요. 그런데요. 돌이 되기 전에 유아식을 시작하다 보니 할 수 있는 메뉴도 한정적이고, 참 막막했어요. '무염, 저염의 기준은 뭘까?', '식단 구성은 어떻게 해야 될까?', '무염 메뉴는 어떻게 줘야 될까?' 궁금한 부분 투성이었어요.

유아식을 만들다 보니 제 나름대로 노하우가 쌓이고, 아이가 잘 먹는 건 어떤 건지, 편식하는 메뉴는 어떻게 만들어 주면 좋을지 고민하다 보니 다양한 레시피를 만들게 되었습니다. 늘 또래 아이들보다 하위권에 있던 아이의 체중이 이제는 평균으로 올라왔어요. 요리를 못하더라도 쉽게 구할 수 있는 재료, 간단한 재료로 얼마든지 아이에게 균형 잡힌 유아식을 제공할 수 있었습니다.

처음부터 겁먹지 마세요. 일단 집에 있는 재료로, 최대한 간단하게 아이가 잘 먹을 수 있는 메뉴를 만들다 보면 어느 순간 자신감도 생기고 뚝딱뚝딱 아이 음식도 잘 만드는 모습을 발견할 거예요. 너무 공들인 메뉴보다 오히려 간단하게 만드는 음식을 아이가 더 잘 먹을 수 있어요. 그러니 요리에 자신 없다고 걱정하지 마세요. 이 책은 바쁜 엄마, 아빠도 쉽게 따라할 수 있도록 쉬운 레시피들로 구성했답니다.

"밥태기 온 아이가 이 메뉴는 잘 먹어요."
"제가 했지만 맛있어서 아이와 함께 먹었어요."

엄마들의 고민을 해결할 수 있도록 최대한 간단한 재료, 간단한 레시피로 만들어 SNS에 기록했고, 이런 피드백은 동기부여를 받는 원동력이 되었어요. 아이 음식은 직접 만들어서 주고 싶다는 분들의 이야기를 듣고 좀 더 쉬운 레시피는 없을까 고민하면서 탄생한 게 바로 이 책입니다. 아직은 시중에 있는 달고 짠 음식보다 엄마의 손맛과 건강한 음식을 먹이고 싶은 모든 부모의 마음을 담았습니다. 단순히 밥을 만드는 것이 아니라 부모의 사랑이 전해지는 식사 시간이 되길 바라요.
마지막으로 이 책이 나올 수 있게 도와준 사랑하는 율아와 율아 파파 그리고 예쁜 사진을 찍는 데 도움을 준 사랑하는 동생, 율아 이모에게도 감사함을 전합니다.

율아맘 김시연

차례

PART 1
간단하고 든든한 한 그릇 밥, 죽

PART 4
형형색색 맛스러운 반찬

• 시작하기 전에 알아 두면 좋아요 •

- 이 책의 모든 요리는 누구라도 쉽게 따라하고 활용할 수 있도록 구성하였습니다.
- 레시피 순서는 아이의 발달 과정에 따라 메뉴를 골라 만들어 먹을 수 있도록 개월
  수별이 아닌 음식의 형태에 따라 구분하였습니다.
- 레시피에는 돌 전부터 먹을 수 있는 음식들도 다수 구성되어 있습니다.
- 이 책은 150개의 요리 레시피와 무염, 저염으로 구성되어 언제 어디서나 다양하게
  활용할 수 있습니다.
- 요리에 사용한 재료와 양념은 마트나 재래시장에서 쉽게 구할 수 있는 식재료를 사
  용하였습니다.
- 가정에서 쉽게 사용할 수 있도록 종이컵(200ml)과 밥숟가락 계량을 사용하였습니다.
- 요리 시간을 절약할 수 있도록 채수는 시중에 파는 채수팩을 사용하였습니다.
- 레시피에 들어간 간장은 아기 간장(맛간장)을 사용하였습니다.

• 이 책은 이렇게 활용하세요 •

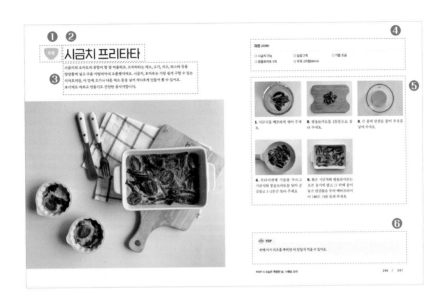

❶ 무염, 저염 표기

레시피별로 무염, 저염을 나누어 표기
하였습니다.

❷ 메뉴 제목

쉽고 간단하게 만들 수 있지만 든든한
한 끼가 되어 주는 메뉴들로 엄선했습
니다.

❸ 메뉴 정보

각 레시피마다 요리에 관한 영양성분
과 활용법 등의 설명을 간략하게 정리
했습니다.

❹ 재료, 용량 표기

유아식을 완성할 수 있는 재료와 용량
을 표기했습니다. 아이마다 먹는 양이
다르니 상황에 맞게 활용해 주세요.

❺ 과정 설명

쉽고 간단하게 따라할 수 있도록 과정
별 사진과 설명을 넣어 구성했습니다.

❻ Tip

유아식을 만드는 데 도움이 되는 정보
를 간략하게 정리했습니다.

GUIDE
1

무염, 저염 왜 해야 할까요

무염식과 저염식의 기준

무염식은 소금을 전혀 사용하지 않는 식단을 말하고, 저염식은 염분 섭취를 줄이되 소금을 완전하게 배제하지 않는 식단이에요. 보통 초기 유아식 시기에는 무염식을 권장합니다. 그 이유는 아이 신장이 아직 발달하지 않았기 때문에 염분을 처리하는 능력이 제한되어 있어, 불필요한 염분 섭취를 최소화하는 게 좋기 때문이에요. 무염식은 재료 자체의 맛을 살려 조리하는 게 핵심이랍니다.

무염 유아식 만드는 방법

자연 재료 사용	채소, 고기, 곡류처럼 자연 재료를 사용해 신선한 맛을 제공하고 인공 조미료는 사용하지 않아요.(가공식품, 절임식품은 피해야 합니다.)
재료 본연의 맛	재료 자체의 단맛과 감칠맛을 살리는 게 중요해요. 고구마, 당근, 단호박처럼 자연적으로 단맛이 나는 채소를 사용하거나 채수나 멸치육수를 활용해 보세요.
부드러운 조리법	아이의 씹는 능력을 고려해 초기 유아식에는 재료를 푹 익히거나 으깨는 방식으로 준비해 주세요.

무염 유아식을 유지하는 팁

초기 유아식부터 소금을 넣지 않고 음식을 제공하며 아이가 소금에 적응하지 않게 해주세요. 무염식을 유지하더라도 다양한 식재료를 사용해 아이가 여러 가지 맛을 경험할 수 있도록 도와주세요.

영유아기 나트륨 권장섭취량

식품의약품안전처 기준, 한국 영유아 나트륨 권장섭취량은 아래와 같습니다.

6개월 미만	모유 또는 분유로 충분한 나트륨 섭취하므로, 별도 나트륨 섭취 X
6개월 ~ 12개월	하루 370mg
1~2세	하루 810mg
3~5세	하루 1,000mg (소금 약 2g)

보통 돌 전에는 무염 유아식을 권장하지만, 돌이 지나면 저염식을 하기도 합니다. 특히 어린이집을 다니게 되면, 무염식을 할 수 없어 저염식으로 빠르게 전환하는데요. 이 책에 소개된 메뉴들은 10개월 아이부터 먹일 수 있도록 무염식과 함께 식품의약품안전처 권고 기준인 '어린이 염도 0.5% 이하인 일반적인 저염식 메뉴'로 구성되어 있어요. 모든 메뉴에는 무염과 저염으로 표기해 두었으니 쉽게 참고할 수 있습니다.

이유식 vs 유아식

이유식과 유아식의 가장 큰 차이는 음식의 형태와 질감입니다. 이유식은 생후 약 4~6개월 사이에 아이가 모유, 분유 외에 처음으로 고형 음식을 경험하는 단계입니다. 이유식의 주된 목적은 단순히 새로운 음식을 먹는 것이 아닌, 아이가 씹고 삼키는 능력을 발달시키고 다양한 식재료에 적응할 수 있도록 돕는 것이라고 할 수 있어요. 이유식을 시작할 때는 아주 부드럽고 물기가 많은 음식으로 시작해 점차 걸쭉한 형태로 전환하고, 아이의 소화 능력에 따라 점점 더 단단한 음식으로 변화합니다. 이유식 시기는 대략 생후 12개월까지 지속됩니다.

유아식은 생후 12개월을 지나면서 이유식을 마치고 본격적으로 고형 음식을 섭취하는 단계인데요. 유아식을 꼭 생후 12개월 이후에 해야 하는 법은 없답니다. 대부분 후기 이유식부터 거부가 오는 아이들이 많아 빠르면 9~10개월부터 유아식을 시작하기도 해요. 엄마와 아빠의 밥, 반찬에 관심을 갖는 시기가 되면 유아식을 시작해 볼 수 있습니다.

유아식은 이유식과 달리 음식의 종류와 양이 훨씬 다양해지고, 균형 잡힌 식단을 구성하는 게 중요해요. 이유식 시기에는 음식과 질감의 종류에 집중했다면, 이 시기에는 아이 발달에 맞춰 다양한 영양소를 충분히 섭취할 수 있도록 돕는 것이죠. 일반 가정식과 유사한 음식을 섭취하며 스스로 먹는 연습을 시작하는 단계라고 볼 수 있어요. 유아식은 주로 고형 음식으로 이루어져 있고, 다양한 영양소가 균형 있게 포함되어야 해요. 탄수화물, 단백질, 지방, 비타민 및 미네랄이 적절히 조화를 이루고 아이 기호와 선호도를 고려한 조리법이 중요하답니다.

간혹 이가 많이 나지 않았는데 돌이 지나서 유아식을 시작하고 싶다는 부모님들이 있어요. 유아식 시작 여부를 결정하는 데 있어 중요한 것은 아이의 씹는 능력과 음식에 대한 적응력이기 때문에 이가 적다고 해서 유아식을 미루기보다는 아이 상황에 맞는 형태로 유아식 식단을 천천히 시작해 주세요. 유아식은 일반적으로 단단하고 씹는 것이 필요한 음식이지만, 아이 치아가 충분히 나지 않았기 때문에, 부드러운 질감의 음식을 해 주면 좋아요. 예를 들어 으깬 감자, 두부, 잘 익힌 채소, 잘게 썬 고기로 식단을 구성해 볼 수 있어요.

보건복지부에서는 이유식에서 유아식으로의 전환을 자연스럽고 점진적으로 이루어질 수 있도록 권장하는데요. 결론적으로 유아식 시기에는 아이의 씹는 능력, 소화 능력, 영양 요구 등을 고려해 단계적으로 음식 질감을 조절하고 가정에서 먹는 일반 음식과 유사한 식단으로 전환하는 게 중요해요.

이 책은 아이가 건강하게 성장할 수 있도록 보건복지부의 가이드라인을 따라 영양을 고려한 유아식 레시피입니다. 초보 엄마도 쉽게 따라할 수 있게 구성했어요. 특히 돌 전에 유아식을 시작해서 어떤 음식을 해야 될지 고민하는 분들을 위해 무염으로 할 수 있는 유아식 레시피도 담겨 있습니다.

요리가 어려운 부모님과 아이에게 건강한 음식을 제공해 주고 싶은 부모님을 응원합니다.

먹태기가 온 아이 대처법

아이는 수시로 먹태기가 오죠. 먹태기가 자주 오면 부모님이 쉽게 지치는데요. 특히 돌이 지나면 밥을 질 안 먹는다는 아이들이 많아요. 아이가 밥을 안 믹는 이유는 먹는 양 자체가 작거나 밥은 안 먹지만 다른 음식은 잘 먹는 것일 수 있어요. 이 두 가지 이유를 바탕으로 먹태기가 온 아이를 대처하는 방법을 알려 줄게요.

이제 막 유아식을 시작했다면 고형 음식을 삼키기 어려울 수 있어 부드러운 질감으로 만들어 주세요

아이마다 발달이 다르기에, 어떤 아이는 고형 음식을 잘 씹어 삼킬 수 있지만 어떤 아이는 적응하는 시간이 필요할 수 있어요. 이 경우 두부, 달걀 같이 부드러운 식감을 줄 수 있는 식재료를 사용해서 유아식을 만들어 주세요. 초기 유아식 시기에는 달걀찜, 달걀 스크램블, 두부 부침을 자주 만들어서 제공하면 좋아요.

정해진 식사 시간을 지켜 주세요

아이가 밥을 잘 안 먹는다고 해서 간식으로 식사를 보충하면 악순환이 반복돼요. 식사 시간은 아침, 점심, 저녁으로 일정한 시간에 제공하고 간식도 정해진 시간에 주는 게 좋아요. 보통 어린이집에 가면 정해진 일정이 있는데요. 그 일정을 생각하고 식사 시간을 정해 주면 쉽답니다.

08:00~09:00	아침 식사
10:00	오전 간식
12:00	점심 식사
14:40	오후 간식
18:00	저녁 식사

기분 좋은 식사 시간을 만들어 주세요

식사 시간엔 밥을 잘 안 먹더라도 혼내지 말아요. 먹는 건 재촉하지 않는 게 좋고, 먹는 동안 말을 해 주거나, 얼굴을 마주보는 게 좋아요. 만약 밥을 잘 안 먹는다면 세 번 정도 기다려 주고 "배가 부르구나, 배가 안 고프구나." 등의 긍정어로 이야기해 주고 식판을 치우는 게 좋아요. 식사 시간이 아이에게 기분 좋은 시간이 될 수 있도록 만들어 주세요.

스스로 먹을 수 있게 도와주세요

유아식은 결국 어른과 같은 밥과 반찬을 먹고, 스스로 먹을 수 있도록 하는 게 중요해요. 결국 아이는 어른이 되면 혼자 밥을 먹어야 되고, 아이가 스스로 먹을 수 있게끔 도와주는 과정이 바로 유아식이죠. 식탁과 바닥이 더러워진다고 계속 떠먹여 준다면 식습관에 문제가 생길 수 있어요. 아이가 다양한 음식을 선택하고 먹을 수 있는 기회를 제공해 주세요.

간단하게 채우는 유아식 식판 구성

영유아기 식판 구성은 아이 성장, 발달을 위해 다양한 영양소를 균형 있게 제공하는 게 중요해요. 보건복지부와 한국인 영양소 섭취기준에 따르면, 영유아기(1~5세)의 식판 구성은 적절한 영양소 배분과 권장량을 충족할 수 있도록 구성하는 게 좋은데요. 다음 권장 사항을 바탕으로 식판을 구성해 보세요.

식판 구성 기본원칙

곡류	단백질	채소 및 과일	칼슘
현미밥, 잡곡밥, 감자, 고구마, 빵, 면 등	고기, 생선, 달걀 두부, 콩류	당근, 브로콜리, 애호박 또는 제철 과일 소량	우유, 치즈, 요거트, 두부, 시금치, 두유 등

식판구성 예시

아침	**단백질** 현미밥 또는 감자, 연두부, **채소** 데친 브로콜리, 애호박 **칼슘** 저지방 우유 한 잔
점심	**단백질** 잡곡밥, 구운 닭가슴살 **채소** 당근, 시금치 무침 **과일** 사과 한 조각
저녁	**단백질** **철분** 쌀밥/ 구운 소고기 **채소** 찐 당근, 버섯 **칼슘** 요거트 한 컵

영유아기(1~5세) 권장 식사량

	밥	단백질	채소	과일	칼슘 식품
1세 (12~23개월)	약 80~90g (아이 주먹 크기 정도)	약 20g	익힌 채소 약 30g	제철 과일 20~30g	우유 120~150ml 또는 요거트 소량
2세 (24~35개월)	약 90~100g	약 25g	약 35~40g	약 30g	우유 150~180ml 또는 요거트 소량
3세 (36~60개월)	약 100~120g	약 30g	약 40~50g	약 40g	우유 180~200ml 또는 요거트 소량

영유아기 식판 주요 영양소

영양소	섭취 비율
탄수화물	총 에너지 50~60%
단백질	총 에너지 10~20%
지방	총 에너지 20~30%
비타민과 미네랄	
칼슘	

*비타민과 미네랄, 칼슘은 섭취 비율이 정해져 있지 않지만, 일일 권장 섭취량은 정해져 있습니다.

탄수화물

곡류는 영유아기에 필요한 에너지를 제공하는 주요 에너지원입니다. 보건복지부는 영유아기에 총칼로리 섭취 50~60%를 탄수화물 섭취로 권장하고 있어요. 밥, 빵, 면과 같은 주식에서 주로 얻을 수 있고, 단순 흰쌀밥이나 빵보다 영양소가 풍부한 잡곡밥, 현미밥, 감자, 고구마 같은 복합 탄수화물을 추천해요.

단백질

단백질은 영유아기 근육, 조직, 뇌 발달에 중요한 역할을 하며, 하루 3~4회 적절한 양을 섭취하는 것을 권장합니다. 보건복지부 권장 기준에 따라, 아이 성장에 맞춰 동물성 단백질과 식물성 단백질을 균형 있게 제공하는 것이 좋습니다. 특히 철분과 아연이 포함된 단백질 공급원이 필요해요.

고기	철분이 풍부한 고기는 꼭 필요한 단백질 공급원이에요. 잘게 썬 소고기와 닭가슴살을 부드럽게 조리하거나 12개월 이후에는 부드럽게 찐 고기를 아이가 먹기 좋게 작게 잘라 제공해 주세요.
생선	연어, 고등어와 같은 생선은 오메가3의 지방산과 단백질을 풍부하게 제공합니다.
두부와 콩	식물성 단백질 공급원인 두부, 콩도 제공할 수 있도록 해 주세요.
달걀	달걀은 영유아기 단백질 섭취에 매우 좋습니다. 삶은 달걀을 으깨 주거나, 스크램블로 만들어 부드럽게 제공해 줄 수 있어요.

채소

채소는 비타민, 미네랄, 섬유질의 중요한 공급원으로, 다양한 색깔의 채소를 제공하는 게 좋아요.

녹황색 채소	브로콜리, 시금치, 당근, 호박 등(비타민 A와 C가 풍부해요.)
부드러운 채소	애호박, 감자, 당근
잎채소	시금치와 같이 철분이 풍부한 잎채소

과일

과일은 비타민 C와 섬유질의 중요한 공급원으로 영유아 면역력 강화와 소화 기능 개선에 도움을 줍니다. 하루에 소량의 과일을 식후 또는 간식으로 제공해 주세요.

칼슘

칼슘은 영유아 시기 뼈와 치아 건강을 위해 매우 중요해요. 우유, 요거트, 두부 등 칼슘이 풍부한 식품을 하루 1~2회 제공해 주세요.

지방

영유아기에는 지방도 중요한 에너지원이에요. 아보카도, 견과류, 올리브유 등에서 건강한 지방을 섭취할 수 있어요. 식사에 소량의 올리브유나 들기름 넣어 불포화 지방산을 제공할 수 있어요. 볶음 요리와 찜 요리에 사용해 보세요.

제철 재료

	채소	과일	해산물	기타
봄 (3~5월)	냉이, 달래, 쑥, 봄동, 두릅, 미나리, 근대, 아스파라거스	딸기, 참다래(키위), 천혜향	쭈꾸미, 멍게, 바지락, 새조개	쪽파, 부추
여름 (6~8월)	오이, 애호박, 가지, 토마토, 깻잎, 상추, 감자, 옥수수	참외, 수박, 복숭아, 자두, 블루베리, 체리, 살구	민어, 장어, 오징어, 전복, 낙지	풋고추, 청경채
가을 (9~11월)	늙은호박, 고구마, 연근, 버섯류 (표고,느타리,송이) 콜리플라워	사과, 배, 감, 포도, 밤, 대추, 석류	대하, 꽃게, 전어, 고등어, 갈치	도라지, 더덕
겨울 (12~2월)	무, 배추, 브로콜리, 대파, 미나리, 겨울초(시금치)	귤, 한라봉, 레몬	굴, 과메기, 대구, 홍합, 방어	감자, 마늘, 양파

내 아이를 위한 특급 재료

10개월부터 시작한 유아식이라 감칠맛을 낼 수 있는 재료에 신경을 많이 썼어요. 그 중에서도 무염, 저염에 자주 활용하고 있는 재료들이 있답니다.

채수

채수는 중기 이유식부터 활용할 수 있는데요. 보통은 무, 당근, 양파, 대파, 다시마 등을 사용해서 채수를 직접 끓일 수 있지만, 육아하며 요리를 할 시간이 없다면 시간을 절약할 수 있는 시중 제품을 사용하기도 해요. 시중에 다양한 채수팩이 있으니 많은 시간을 투자하지 않아도 채수를 만들 수 있는 제품을 활용해 보세요.

채수는 다양한 유아식 요리에 사용됩니다. 예를 들면, 아이용 국이나 죽을 끓일 때 물 대신 채수를 사용하면 음식 풍미가 깊어지고, 소금이나 간장 없이도 채소의 자연스러운 단맛과 감칠맛을 경험할 수 있어서 무염 유아식을 할 때 꼭 활용하고 있어요.

특히 채수는 채소에서 나오는 비타민, 미네랄 같은 영양소가 잘 녹아 있어 채소를 싫어하는 아이에게도 자연스럽게 채소의 영양을 전달할 수 있어요. 인공 조미료나 소금 없이 채소 고유의 단맛을 살려 음식을 만들 수 있기 때문에, 아이가 짠맛에 익숙해지지 않도록 도와준답니다.

배도라지즙

배도라지즙은 다른 조미료를 첨가하지 않아도 자연스러운 단맛을 내기 위해 활용하는 재료예요. 아이들의 감기 예방과 기침 완화에 좋은 배도라지즙은 바로 마셔도 좋지만, 음식에 활용하면 건강한 성분으로 단맛을 낼 수 있는 최고의 재료가 될 수 있답니다.

참기름

참기름은 고소한 향과 풍미로 아이 식욕을 돋을 수 있는 재료입니다. 특히 참기름은 영양소가 풍부한 불포화 지방산과 비타민 E를 포함하고 있어, 아이 피부와 두뇌 발달에 도움을 줄 수 있어요. 밥에 소량을 넣어 비벼 주거나, 볶음 요리에 한 방울 떨어뜨려 주면 음식 향이 더욱 풍부해지면서도 자극적이지 않아요. 다만, 참기름은 소량 사용을 권장하고, 음식을 완성할 때 조금 넣어 주는 게 제일 좋답니다.

간장

간장은 아이 음식에 깊은 맛을 더해 주지만, 일반 간장보다는 저염 간장을 사용하는 게 좋아요. 아이용 간장은 나트륨 함량이 낮아 아이에게 부담이 적고, 적은 양으로 풍미를 충분히 낼 수 있답니다. 저는 어른 간장을 쓸 때는 물양을 조금 더 많게 해서 사용하고 있어요. (추천하는 간장은 '국산 콩'과 '한식 간장'입니다.) 주로 찜이나 국물 요리, 볶음 요리 등에 소량 넣어 맛을 더하거나, 밥과 함께 조미할 때 활용할 수 있어요.

조미되지 않은 김

일반 김과 달리 조미되지 않은 김은 소금과 기름 없이 순수하게 구운 형태기 때문에 밥태기가 오는 후기 이유식부터 먹이면 도움을 받을 수 있어요. 특히 조미되지 않은 김은 잘게 잘라 밥 위에 뿌리거나 밥에 김을 싸서 주거나, 김국과 김전처럼 다양한 음식을 해 줄 수 있기 때문에 무염식을 할 때 자주 활용하는 재료 중 하나예요.

올리브유, 아보카도유

유아식에 사용하는 기름은 건강한 지방을 공급해 주기 위해 필요합니다. 유아식에 적합한 올리브유와 아보카도유에는 아이 두뇌와 신경계 발달에 중요한 불포화 지방산과 다양한 비타민이 포함되어 있어 성장과 두뇌 발달에 중요한 역할을 해요.

기름은 보통 압착유와 정제유로 나뉩니다. 압착유는 원재료를 압착하여 나온 기름을 통해 생산된 식용유며, 저온압착이나 냉압착 위주로 고르는 게 좋습니다. 정제유는 원재료에서 기름을 뽑아내기 위해 화학 처리로 생산된 식용유예요. 우리가 많이 알고 있는 카놀라유가 이에 해당합니다. 아무래도 고온으로 처리되기 때문에 영양소가 파괴된 상태로 나올 수 있어 안전한 압착유를 사용하는 게 좋답니다.

압착유에는 올리브유, 아보카도유, 참기름, 들기름이 있어요. 그중에서도 올리브유, 아보카도유는 각각 발연점이 달라 조리법에 따라 다르게 사용하기도 하는데요. 올리브유는 엑스트라 버진 올리브유를 사용하는 게 좋고, 이는 항산화 물질과 불포화 지방산이 풍부해 건강에 유익합니다. 발연점은 약 160~190도 정도이며, 저온에서 가볍게 조리할 때 적합합니다. 다만, 가정에서 사용하는 대부분의 조리는 180도 이상을 넘어가지 않는 경우가 많아 저는 올리브유를 자주 사용하고 있어요. 아보카도유는 약 250도 정도로 발연점이 높아 다양한 요리에 사용하기 좋고, 단일 불포화 지방산과 비타민 E가 풍부해요. 높은 발연점 덕분에 고온에서 조리해도 산화가 덜 되며, 튀김이나 볶음 요리 등 고온 조리에 적합합니다.

내 아이를 위한 요리 도구

냄비, 프라이팬

너무 크지 않은 냄비와 프라이팬을 준비해 주세요. 보통 팬 종류는 크게 두 가지가 있는데 코팅팬과 스텐팬 중 초보 엄마들이 사용하기 쉬운 것은 코팅팬이에요. 코팅팬도 종류가 많지만 이 책에서는 세라믹 코팅팬을 사용합니다.

실리콘 찜기

유아식은 많은 양의 조리가 필요하지 않기 때문에, 적은 양을 찜기에 넣고 전자레인지를 사용해 익힐 수 있어요. 감자, 고구마, 각종 채소도 찜기로 간단하게 찔 수 있어서 이유식부터 유아식까지 간편하게 조리할 수 있어요.

실리콘 큐브

고기 다짐육이나 채소를 큐브로 만들어 미리 냉동실에 넣어 두면 유아식을 만드는 시간이 단축됩니다. 보통 만능 채소 소고기볶음, 만능 채소 돼지고기볶음 등을 미리 만들어 두거나, 라구소스 등을 만들어서 큐브에 보관해 두고 필요할 때 꺼내서 쓰면 좋아요.

실리콘 머핀틀

실리콘 머핀틀은 아이 간식 만들 때 유용하게 사용할 수 있어요. 실리콘 재질이기 때문에 전자레인지나 오븐, 에어프라이어 등 고온에도 사용할 수 있답니다. 아이 간식 만들 때 자주 사용하는 도구예요. 중후기 이유식부터 유아식까지 오랫동안 사용 가능해요.

채망

재료 세척이나, 국 안에 건더기를 건져낼 때 활용하기 좋아요. 가루류를 고운 입자로 만들 때 사용하기도 한답니다. 큰 채망, 작은 채망 두 가지만 준비해도 충분하게 활용할 수 있어요.

믹서기 또는 다지기

초기 유아식 시기에는 큰 입자에 적응을 하는 시기기 때문에 입자 조절을 해 주기 위해서 다지기를 사용하는 게 좋아요. 믹서기나 다지기 모두 활용해서 유아식을 만들어 보세요. 칼을 쓰지 않아도 요리를 할 수 있어 유아식을 만드는 시간이 훨씬 단축될 수 있답니다.

식판

18개월 이전까지는 보통 흡착 식판을 많이 사용하고, 그 이후에는 일반 식판을 사용해요. 초기 유아식 시기에는 식판이 식탁과 고정되어 있는 게 더 편해, 열탕소독이 가능한 실리콘 흡착 식판을 사용합니다.

수저와 포크

수저와 포크는 아이가 잘하지 못하더라도 식사 시간에 도구를 사용하는 것을 알려 주기 위해서 꼭 준비해 주세요. 처음에는 잘하지 못하더라도 스스로 사용할 수 있도록 옆에서 도와주는 게 좋습니다.

재료 계량하기

짐작으로 간을 맞출 수 있는 것은 오랫동안 숙련된 경험이 있어야 가능한 일이죠. 집에서는 숟가락과 종이컵을 이용한 계량을 많이 사용한답니다. 계량의 기준을 정하고 개인의 입맛에 따라 간을 맞추는 것을 추천해요.

숟가락으로 계량하기

가루

| 1큰술(15g) | 1/2큰술 | 1작은술(5g) | 1/2작은술 |

액체

| 1큰술(15g) | 1/2큰술 | 1작은술(5g) | 1/2작은술 |

재료 계량하기

짐작으로 간을 맞출 수 있는 것은 오랫동안 숙련된 경험이 있어야 가능한 일이죠. 집에서는 숟가락과 종이컵을 이용한 계량을 많이 사용한답니다. 계량의 기준을 정하고 개인의 입맛에 따라 간을 맞추는 것을 추천해요.

숟가락으로 계량하기

가루

1큰술(15g)　　1/2큰술　　1작은술(5g)　　1/2작은술

액체

1큰술(15g)　　1/2큰술　　1작은술(5g)　　1/2작은술

장류

| 1큰술(15g) | 1/2큰술 | 1작은술(5g) | 1/2작은술 |

종이컵으로 계량하기

가루

| 1컵(200g) | 1/2컵(100g) |

액체

| 1컵(200ml) | 1/2컵(100ml) |

손으로 계량하기

가루

한 줌(200g)
한 손으로 자연스럽게 쥐어 주세요.

한 줌
한 손으로 자연스럽게 쥐어 주세요

재료 썰기

예쁘게 썰어 놓은 재료는 보기에도 좋지만 양념이 골고루 잘 스며들어 더욱 맛있는 요리를 완성할 수 있습니다. 유아식 재료를 써는 방법은 다양하지만 대표적으로 사용하는 썰기 방법입니다.

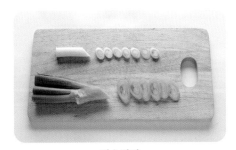

어슷썰기

대파, 오이, 고추 등 세로로 긴 재료를 한쪽으로 비스듬히 썰어 줍니다.

깍둑썰기

채소나 과일 등을 정사각형으로 썰어 줍니다.

편썰기

마늘, 생강 등의 재료를 모양 그대로 얇게 저미듯 썰어 줍니다.

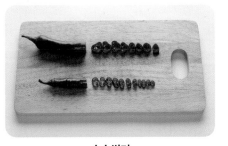

송송썰기

가늘고 긴 재료를 동그란 모양으로 일정하게 썰어 줍니다.

다지기
여러 번 칼질을 해서 원하는 크기로 썰어 줍니다.

채 썰기
무침이나 볶음 재료를 손질할 때 쓰는 방법으로
편으로 썰거나 어슷하게 썬 재료를 층층이 겹친
뒤 다시 일정한 간격으로 얇게 썰어 줍니다.

누구나 궁금해하는 유아식 Q&A

Q. 유아식 시작하기 전에 고려해야 될 사항은 무엇이 있을까요?

먼저 아이의 발달 상태를 확인해 주세요. 아이가 스스로 음식을 손으로 잡고 입에 넣으려는 시도를 한다거나, 숟가락 사용에 관심을 보일 때 유아식 시작할 준비가 되었다고 볼수 있어요. 이유식 단계에서 굵고 덩어리가 있는 음식을 거부하지 않고 잘 먹는지도 중요한 신호입니다. (중기 이유식부터 씹는 능력이 발달할 수 있도록 간식을 만들어 제공하는 것도 방법이에요.)

두 번째로는 유아식으로 전환할 때 아이 식사량 조절이 필요해요. 이유식 때보다 조금 더 많은 양을 제공하고, 식사 시간을 정해 하루 세끼 먹을 수 있도록 점차 습관을 들여 주세요. 너무 많은 양을 한 번에 주지 않고, 조금씩 천천히 늘려가는 게 좋아요.

세 번째로는 유아식을 시작하면 모유, 분유 섭취량은 점차 줄여 주세요. 생후 12개월 이후에는 유아식이 주 영양 공급원이 되어야 하지만, 아이마다 모유와 분유에 대한 의존도가 다르기에 서서히 조절해 나갈 수 있어요. 간식처럼 제공하면서 서서히 줄여 주세요.

Q. 아이 식단을 어떻게 구성해야 하나요?

식단 구성법은 18쪽을 참고하면 됩니다. 좀 더 쉽게 식단을 구성하고 싶다면 '밥, 메인 반찬, 부 반찬, 국'이나 '한 그릇 음식, 국' 또는 '한 그릇 음식'으로 식단을 구성하면 좋고, 이 안에 고기와 채소 또는 생선이나 채소 또는 달걀이나 채소, 두부나 채소로 메인 반찬에서 단백질을 섭취할 수 있도록 구성하면 좋아요. 미리 만들어 큐브로 보관해 놓을 수 있는 것들은 채소큐브, 라구소스 등이 있습니다. 어디에나 들어가는 재료들은 미리 만들어 냉동보관 해 놓으면 유아식 시간을 절약할 수 있어요. (보통 냉장 보관은 3일, 냉동 보관은 일주일~한 달 정도로 생각하면 좋지만 식재료마다 보관 방법이 상이하고, 너무 오래 보관하면 음식 본연의 맛이 떨어질 수 있어요.)

Q. 유아식에 간은 언제부터 할 수 있나요?

간을 본격적으로 시작하는 시기는 보통 생후 18개월 이후가 적절해요. 12개월 이후부터는 미량의 간을 할 수 있지만, 되도록이면 천연 식재료 본연의 맛을 통해 아이가 자연스러운 맛에 익숙해지도록 하는 게 좋아요. 예를 들면, 국물 요리를 할 때는 소금 대신 다시마나 멸치육수를 사용하거나, 아이가 좋아할 수 있는 자연스러운 단맛을 더할 때는 고구마, 당근, 혹은 배즙이나 사과즙 같은 자연식품을 활용하는 방법이 있어요. 다만, 이미 어린이집을 다니고 있다면 무염식을 계속하기에는 어려운 상황일 수 있어, 적절하게 소량의 간으로 저염식을 하는 것도 좋답니다. 제 경우에는 두 돌 전까지는 간장 1작은술 정도로 간을 추가했어요. 너무 빨리 짠맛에 익숙해지면 더 자극적인 음식을 원하기 때문에, 집에서 간을 하지 않아도 잘 먹는다면 굳이 일찍 간을 할 필요는 없다고 생각해요.

Q. 아이 이가 많이 없는데 유아식 시작해도 되나요?

이가 많이 나지 않은 상태에서도 유아식을 시작할 수 있어요. 유아식은 단단한 고형 음식을 도입하는 시기지만, 반드시 모든 이가 난 상태에서 시작할 필요는 없답니다. 아이가 음식에 흥미를 보이고 씹고 삼킬 준비가 되었다면 유아식을 시작해 볼 수 있어요. 다만 이가 많이 없는 아이들은 씹는 게 어려울 수 있기 때문에 다음 사항을 고려해서 유아식을 시작하면 좋아요. ① 부드러운 음식으로 시작하기(잘 익힌 채소, 푹 삶은 고기, 두부, 달걀 등으로 준비하기) ② 아이의 씹기 반응 살피기(아이가 어떤 음식을 씹기 어려워하는지 파악했다가 나중에 시도해 보세요.)

Q. 아이가 밥을 안 먹으려고 하면 억지로 먹이나요?

제가 자주 다니는 소아과 선생님은 밥을 안 먹으려고 하면 억지로 먹이지 말라고 하셨어요. 어른들도 입맛이 없는 경우가 있잖아요. 그런 경우랑 동일하게 생각하면 좋은데요. 아이들의 경우에도 전에 먹었던 음식이 소화가 덜 됐다던지, 컨디션이 좋지 않다던지 등의 이유로 밥 시간에 배가 고프지 않을 수 있답니다. 아이가 밥을 거부한다면 억지로 먹이지 않는 게 좋아요. 오히려 억지로 먹이게 한다면 식사 시간이 스트레스로 느껴져 아이가 오히려 식사에 대한 거부감을 가지게 될 수 있어요. 만약 일시적이지 않거나 지속적으로 밥을 거부한다면 이 책의 16쪽을 참고해 보세요.

Q. 하루에 달걀, 우유 등은 얼마나 먹을 수 있나요?

대한민국 보건복지부 〈2020 한국인 영양소 섭취기준〉에 따르면, 달걀 섭취량에 대한 명확한 상한선은 제시된 바가 없어요. 다만 달걀에 콜레스테롤 함량이 높아 성인의 경우 하루에 1~2개 정도 섭취, 영유아의 경우는 하루에 달걀 1개 정도를 섭취하는 게 건강한 식단의 한 예시라고 생각하면 좋아요. 우유의 경우 1세 이상은 하루에 400~500ml의 우유를 섭취하는 게 적절하고, 2세 이상은 하루에 480~720ml의 우유를 섭취하는 게 적절해요. 특히 만 2세 이상이 되면 저지방 우유를 선택해서 포화지방 섭취를 줄이며 필요한 영양소를 공급하는 게 좋답니다.

PART 1

간단하고 든든한
한 그릇 밥, 죽

재료는 최소화했지만 맛은 극대화한 특별한 메뉴
간단한 재료, 단순한 레시피로 우리 아이 든든하게 배불려 보아요.

저염

가지 토마토 덮밥

가지와 토마토 궁합이 좋다는 거 알고 있나요?
가지에 풍부하게 들어 있는 폴리페놀 성분과 토마토의 리코펜 성분의 궁합이
찰떡이라고 해요. 이런 가지와 토마토를 함께 안 먹어 볼 수 없겠죠.
가지와 토마토 조합으로 덮밥을 만들었더니 아이가 가지가 들어 있는지
모르고 먹는 답니다.

재료 (2인분)

☐ 가지 1/2개 ☐ 무염버터 7g ☐ 간장 1작은술
☐ 방울토마토 10개 ☐ 배도라지즙 조금(50ml) ☐ 케첩 1작은술

1. 가지를 채 썰어 주세요.

2. 방울토마토는 4등분으로 잘라 주세요.

3. 프라이팬에 무염버터와 준비한 가지와 토마토를 넣어 중약불로 2~3분간 볶아 주세요.

4. 배도라지즙, 케첩, 간장을 넣고 중약불로 2분간 조려 주세요.

 TIP

덮밥 위에 치즈를 얹어 전자레인지에 30초간 돌리면 더욱 맛있게 먹을 수 있어요.

저염

청경채 돼지고기 덮밥

청경채와 돼지고기가 의외로 잘 어울려서
청경채를 안 먹는 아이도 가리지 않고 먹는 메뉴예요.
아이에게 청경채 먹이기가 쉽지 않죠. 특히 초록 채소 먹이기 힘든 아이에게
이 메뉴 꼭 해 주세요.

재료 (2인분)

- □ 돼지고기 다짐육 100g
- □ 청경채 3개
- □ 다진 마늘 10g
- □ 배도라지즙 1/2컵(100ml)
- □ 간장 2큰술
- □ 올리고당 1/2큰술

1. 청경채를 아이가 먹기 좋게 잘라 주세요.

2. 돼지고기 다짐육, 다진 마늘 을 프라이팬에 기름이 나올 때 까지 중강불로 3~5분간 볶아 주 세요.

3. 배도라지즙, 간장, 올리고당 을 섞어 양념을 만든 다음 프라 이팬에 부어 주세요.

4. 준비한 청경채를 넣고 중약 불로 3~5분간 다 같이 볶아 주 세요.

5. 양념이 남아 있을 때 불을 꺼 주세요.

🍲 **TIP**

양념이 너무 졸아들면 볶음이 되어버리기 때문에 미리 불을 꺼 주세요.

저염

소고기 가지 덮밥

소고기와 가지는 잘 어울리는 조합이랍니다. 중식 느낌도 나는 메뉴라서
어른은 간을 더해 먹으면 온 가족의 한 끼로 손색없죠.
굴소스를 넣으면 더 맛있지만, 유아식에는 간장만 더해도 아이가 맛있게 먹을 수 있어요.

재료 (2인분)

□ 소고기 다짐육 40g   □ 물 조금(45ml)   □ 전분가루 3큰술
□ 가지 1/3개   □ 채수 1/2컵(100ml) □ 간장 1작은술

1. 가지를 잘게 다져 주세요.

2. 소고기에 간장을 넣어 밑간을 해 주세요.

3. 프라이팬에 채수를 붓고 준비한 소고기와 가지를 넣어 중강불로 2~3분간 볶아 주세요.

4. 전분가루와 물을 1:1 비율로 섞은 다음 프라이팬에 부어 중약불로 3~5분간 조려 주세요.

 TIP

어른용은 아이가 먹을 만큼 덜고 굴소스를 넣어 먹으면 더욱 맛있답니다.

저염

콩나물 불고기 덮밥

콩나물에는 아스파라긴산이라는 영양소가 풍부하게 함유되어 있습니다.
이 성분은 우리 몸속의 독소와 유해 성분을 원활히 배출할 수 있도록 도와준다고 해요.
콩나물은 나물 반찬으로도 많이 먹지만 가끔 불고기와 볶아
덮밥으로 올려서 먹으면 더 맛있답니다.

재료 (2인분)

□ 소고기 다짐육 100g   □ 새송이버섯 1개(70g)   □ 대파 조금(10g)   □ 간장 2작은술
□ 콩나물 100g   □ 양파 1/2개(50g)   □ 배도라지즙 조금(20ml)   □ 기름 조금

1. 새송이버섯, 양파, 대파를 채 썰어 주세요.

2. 프라이팬에 기름을 두르고 준비한 대파를 넣어 중강불로 1분간 볶아 주세요.

3. 소고기를 넣고 중강불에 1분간 볶아 익혀 주세요.

4. 준비한 양파와 새송이버섯, 콩나물을 넣고 중강불에 5~10분간 볶아 주세요.

5. 콩나물 숨이 죽으면 배도라지즙과 간장을 넣고 중약불로 1~2분간 조려 주세요.

 TIP

집에 있는 채소 사정에 따라 재료를 다르게 넣을 수 있어요.

저염

돼지고기 시금치 덮밥

시금치와 돼지고기는 궁합이 좋은데요. 돼지고기를 먹을 땐 무잎, 시금치와 같이
철분이 많이 있는 채소와 함께 섭취하면 좋다고 알려져 있죠.
태국식 요리로 생각나는 돼지고기 시금치 덮밥을 아이가 먹을 수 있는 버전으로
만들어 봤어요.

재료 (2인분)

□ 돼지고기 다짐육 60g　　□ 배도라지즙 조금(50ml)

□ 시금치 30g　　　　　　□ 간장 1작은술

1. 시금치를 깨끗하게 씻어 먹기 좋게 잘라 주세요.

2. 프라이팬에 기름 없이 돼지고기를 넣어 중강불로 1분간 볶아 주세요.

3. 배도라지즙과 간장을 붓고 시금치를 넣어 중강불로 3~5분간 조려 주세요.

 TIP

달걀을 올려 주면 더욱 맛있는 조합이 된답니다. 완숙 혹은 달걀 스크램블을 올려 주면 금상첨화죠.

저염

삼색 두부 소보로 덮밥

두부를 소보로처럼 만들어 먹으면 더욱 고소하고 맛있답니다.
두부, 소고기, 오이를 위에 함께 올리면 색감도 살아나 아이에게
시각적인 자극과 먹는 재미까지 더해 줄 수 있어요.

재료 (2인분)

☐ 소고기 다짐육 40g   ☐ 오이 1/3개(70g)   ☐ 간장 1작은술
☐ 두부 1/2모(150g)   ☐ 달걀 1개   ☐ 올리고당 1작은술

1. 두부를 키친타올로 물기를 짜고 으깨 주세요.

2. 프라이팬에 기름 없이 으깬 두부를 넣어 중강불로 수분을 날리며 볶아 주세요.

3. 어느 정도 수분이 날아가면 달걀을 풀어 스크램블을 하며 같이 볶아 주세요.

4. 간장과 올리고당을 넣고 약불로 1분간 볶아 주세요.

5. 볶은 두부를 빼고, 소고기 다짐육을 중강불로 1분간 볶아 익혀 주세요.

6. 오이를 다진 후 오이와 함께 준비한 두부와 소고기 다짐육을 밥 위에 삼색으로 올려 주면 완성입니다.

🍲 **TIP**

소고기가 아닌 돼지고기를 올릴 수도 있어요.

무염

감자 버터 어묵 볶음밥

감자와 버터는 잘 알려진 꿀조합인데요. 집에 남아 있는 채소를 더해
볶음밥을 만들어 주면 아이가 잘 먹는 음식이 된답니다.
여기에 아이가 좋아하는 어묵이나 베이컨을 넣어 보세요. 더욱 든든한 한 끼가 될 거예요.

재료 (1인분)

☐ 밥 90g   ☐ 어묵 1장   ☐ 애호박 조금(10g)   ☐ 양파 조금(10g)

☐ 감자 1개(100g)   ☐ 무염버터 7g   ☐ 당근 조금(10g)

1. 감자를 아주 작게 깍둑썰기해 주세요.

2. 깍둑썬 감자를 전자레인지 용기에 넣고 전자레인지에 4분 간 돌려 익혀 주세요.

3. 애호박, 당근, 양파를 작게 다져 주세요.

4. 어묵을 끓는 물에 데친 후 잘게 다져 주세요.

5. 프라이팬에 무염버터를 넣고 준비한 채소와 감자를 넣어 중강불로 5분간 볶아 주세요.

6. 밥과 다진 어묵을 넣고 중강불로 5분간 더 볶아 주세요.

🍲 **TIP**

어묵이 없다면 제외해도 좋습니다.

저염

멸치 주먹밥

바쁜 아침에 주먹밥만큼 아이에게 빠르고 쉽게 만들어 주는 메뉴는 없죠.
고기를 넣어 주기에도 바쁜 시간일 땐 미리 만들어 둔 밑반찬인 멸치 볶음을 넣고
주먹밥을 만들어 보세요. 아이가 의외로 잘 먹는 답니다.

재료 (1~2인분)   ※ 멸치 볶음 만드는 방법은 208쪽을 참고해 주세요.

□ 밥 90g   □ 참기름 1작은술
□ 멸치 볶음 20g   □ 후리가케 1작은술

1. 큰 볼에 밥과 멸치 볶음을 넣어 주세요

2. 후리가케도 넣어 주세요.

3. 참기름도 넣어 섞은 후 주먹밥을 만들어 주세요.

 TIP

시간이 된다면 달걀 스크램블을 해서 밥에 섞어 멸치 달걀 주먹밥을 해 줘도 좋아요.

달걀찜 밥

바쁜 아침에 간단하게 만들기 좋은 메뉴예요.

각종 채소를 다져 달걀과 밥을 섞어 전자레인지에 돌리면 쉽게 완성되는 메뉴라서

아침 단골 메뉴랍니다.

재료 (2인분)

□ 밥 90g   □ 양파 조금(20g)
□ 애호박 조금(20g)   □ 달걀 1개

1. 애호박과 양파를 잘게 다져 주세요.

2. 전자레인지 용기에 다진 채소와 밥, 달걀을 넣고 섞어 주세요.

3. 평평하게 펴서 전자레인지에 2분 30초간 돌려 주세요.

 TIP

아기 치즈, 간장, 참기름 등을 첨가해서 먹으면 더 맛있어요.

무염

애호박 치즈 밥

재료가 부족할 때 간단한 재료로 단순하게 해 줄 수 있는 메뉴 중 하나예요.
쉬운 요리는 물론이고 아이가 잘 먹기도 해서 부담 없이 만들 수 있답니다.

재료 (2인분)

□ 애호박 조금(40g)
□ 우유 1/2컵(100ml)
□ 아기 치즈 1장

1. 애호박을 채 썰어 준비해 주세요.

2. 프라이팬에 우유를 넣고 중강불로 1~2분간 조려 주세요.

3. 애호박이 익으면 치즈를 위에 올려 약불로 녹여 주세요.

 TIP

후리가케나 김자반을 같이 섞어서 먹으면 더욱 맛있답니다.

무염

단호박 리조또

7~8월은 단호박이 제철이죠.
달달한 단호박과 우유의 조합이 아이의 입맛을 돋게 해 줍니다. 돌 전인 아이도
먹을 수 있는 무염 유아식이지만, 달달하고 맛있어서 완밥 메뉴 중 하나랍니다.

재료 (2인분)

☐ 밥 90g
☐ 찐 단호박 100g
☐ 우유 1컵(200ml)

1. 찐 단호박과 우유 소량을 다지기에 넣어 다져 주세요.

2. 냄비에 다진 단호박과 밥을 넣고, 나머지 우유를 부은 다음 중약불로 5~10분간 끓여 농도가 걸쭉해지면 불을 꺼 주세요.

 TIP

돌 전 아이는 우유 대신 분유를 넣어서 만들어 주세요. 아기 치즈를 넣는다면 맨 마지막에 불을 껐을 때 넣고 저어 주면 된답니다.

무염

토마토 리조또

토마토는 비타민과 무기질, 항산화 물질이 함유되어
영양가가 정말 많은 채소 중 하나예요. 특히 토마토에 함유되어 있는 라이코펜 성분은
열을 가해 조리해서 먹으면 흡수율이 더 높아진 답니다.
토마토는 생으로 먹는 것보다 가열해서 먹는 게 더 좋아요.

재료 (2인분)

- □ 밥 90g
- □ 토마토 2개
- □ 애호박 조금(40g)
- □ 양파 1/2개(40g)
- □ 무염버터 7g
- □ 우유 조금(50ml)
- □ 아기 치즈 1장

1. 토마토를 끓는 물에 5~10분 간 데쳐 주세요.

2. 데친 토마토의 껍질을 까서 믹서기로 갈아 주세요.

3. 프라이팬에 무염버터와 양파 를 넣고 노릇한 색이 나올 때까 지 중강불로 1~2분간 볶아 주 세요.

4. 애호박을 채 썰어 넣고 볶아 주세요.

5. 간 토마토와 밥, 우유를 넣 어 중약불로 5~10분간 끓여 주 세요.

6. 농도가 걸쭉해지면 불을 끄고 아기 치즈를 넣어 주세요.

🍲 **TIP**

리조또는 의외로 쉬운 음식이에요. 초기 유아식 때 자주 해 줬던 메뉴기도 하죠. 가끔 특식 메뉴로 만들면 좋답니다.

무염

고구마 리조또

고구마는 식이섬유, 탄수화물 등 여러 가지 영양소가 풍부하지만
단백질과 칼슘이 없어 우유와 함께 곁들여 주면 보완이 된답니다.
밥을 넣고 고구마와 함께 리조또를 만들면 아이에게 달콤하고 든든한 한 끼를
제공할 수 있어요.

재료 (1인분)

□ 밥 90g   □ 새송이버섯 1/2개(50g)   □ 우유 1컵(200ml)
□ 고구마 2/3개(60g)   □ 무염버터 7g

1. 고구마, 새송이버섯을 깍둑썰어 준비해 주세요.

2. 프라이팬에 무염버터와 준비한 고구마, 새송이버섯을 넣어 중강불로 3분간 볶아 주세요.

3. 우유와 밥을 넣고 중강불로 5~10분간 조려 주세요.

 TIP

좀 더 진한 맛을 원한다면 아기 치즈 1장을 마지막에 넣어 주세요.

무염

새송이버섯 크림 리조또

새송이버섯은 손쉽게 구할 수 있는 식재료 중 하나인데요.
새송이버섯에는 우유와 버금가는 단백질이 많아 어린이 신체 발달에 도움이 된다고 해요.
아이가 새송이버섯을 쉽게 먹을 수 있도록 리조또를 만들어 주세요.

재료 (1인분)

□ 밥 90g   □ 양파 조금(20g)   □ 우유 9/10컵(180ml)

□ 새송이버섯 1개(90g)   □ 무염버터 15g   □ 아기 치즈 1장

1. 새송이버섯과 양파를 작게 다져 주세요.

2. 냄비에 무염버터와 다진 새송이버섯, 양파를 넣고 중강불로 1~2분간 볶아 주세요.

3. 밥을 넣고 우유를 부어 중약불로 5~7분간 끓여 주세요.

4. 어느 정도 걸쭉해졌을 때 불을 끄고 아기 치즈를 넣고 섞어 주세요.

🍲 **TIP**

버터는 무염버터를 사용하지만, 간을 하는 아이는 가염버터를 사용해 줘도 좋습니다.

무염

연어 애호박 리조또

연어에는 EPA, DHA 등 오메가3 지방산이 풍부하게 함유되어 있으며 단백질과 지방이
풍부해 다양한 영양소를 함유하고 있습니다. 특히 안구와 뇌 건강에
좋은 영향을 준다고 알려져 있어요. 연어를 아이에게 쉽게 먹일 수 있는 방법이
바로 리조또로 만들어 주는 거랍니다. 특히 연어와 크림소스는 잘 어울려요.

재료 (2인분)

□ 밥 90g   □ 새송이버섯 1/2개(50g)   □ 무염버터 15g
□ 연어 60g   □ 애호박 조금(50g)   □ 우유 1컵(200ml)

1. 프라이팬에 무염버터와 연어를 넣고 중약불로 3~5분간 구워 주세요.

2. 새송이버섯과 애호박을 잘게 다져 준비해 주세요.

3. 연어가 다 구워졌으면 다진 새송이버섯과 애호박을 프라이팬에 넣고 중약불로 2~3분간 같이 익혀 주세요.

4. 우유를 붓고 밥도 같이 넣어 중약불로 10분간 조려 주세요.

 TIP

연어를 잘 먹는 아이는 애호박 리조또 위에 연어를 구워 올려 줘도 좋답니다.

무염

라구 로제 리조또

라구소스를 미리 만들어 두면 유아식 할 때 다양한 메뉴로 응용이 가능합니다.
그중 하나가 바로 리조또예요. 리조또는 만들기도 쉽고 특식 느낌이 나서
아이도 좋아하는 메뉴랍니다.

재료 (1~2인분)

※ 라구소스 만드는 방법은 344쪽을 참고해 주세요.

□ 밥 80g
□ 라구소스 70g
□ 우유 1컵(200ml)

1. 프라이팬에 밥, 라구소스, 우유를 넣고 중강불
로 3~5분간 끓여 주세요.

2. 어느 정도 걸쭉해지면 불을 꺼 주세요.

 TIP

아기 치즈를 리조또 위에 올려 주면 더 부드럽고 맛있는 리조또가 됩니다.

무염

채소 달걀죽

아침에 뜨끈하게 죽 한 그릇 먹으면 든든하죠.
죽 중에서도 만들기 제일 쉬운 게 바로 채소 달걀죽입니다.
아이가 밥을 잘 못 먹을 때 쉽고 빠르게 만들기 좋은 메뉴예요.

재료 (1인분)

- □ 밥 90g
- □ 애호박 조금(20g)
- □ 당근 조금(20g)
- □ 양파 조금(20g)
- □ 달걀 1개
- □ 채수 1/2컵(100ml)
- □ 기름 조금

1. 애호박, 당근, 양파를 다져 주세요.

2. 냄비에 기름을 두르고 다진 채소를 넣어 중강불로 2~3분간 볶아 주세요.

3. 채수와 밥을 넣고 중약불로 10분간 끓여 주세요.

4. 국물이 반 정도 졸아들었을 때 달걀을 풀어 섞어서 끓여 주세요.

 TIP

여기에 소고기나 닭고기를 고명으로 올릴 수도 있어요.

무염

사골 미역죽

아침 메뉴로 아이에게 주기 좋은 사골 미역죽입니다.
미리 사골 미역국을 끓였다가 밥을 넣고 아침에 죽으로 끓여 주기에도 좋아요.
단순한 미역국에 사골을 넣어서 죽으로 만들면 더 고소하고 부드럽답니다.

재료 (2인분)

□ 밥 90g   □ 달걀 1개
□ 미역 7g   □ 사골육수 2컵(400ml)

1. 미역을 물에 넣어 불려 주세요.

2. 냄비에 사골육수와 불린 미역을 넣고 중강불로 5~10분간 끓여 주세요.

3. 밥을 넣고 국물이 졸아들 때까지 중약불로 5분간 더 끓여 주세요.

4. 달걀을 풀어 넣고 저어 주세요.

 TIP

밥이 없다면 오트밀을 넣어서 끓여 보세요. 색다른 맛이 될 거예요.

무염

소고기 채소죽

아이가 아프거나 입맛이 없을 때 가장 대표적으로 해 줄 수 있는 메뉴가 바로 죽이죠.
소고기와 채소가 고루 들어가 영양 측면에서는 말할 것도 없고, 식감도 부드러워
잘 먹는 메뉴예요. 특히 아침에 다른 반찬 없이 소고기 채소죽 하나면
아이를 한 끼 든든하게 먹일 수 있답니다.

재료 (1인분)

□ 밥 90g   □ 애호박 조금(20g)   □ 채수 2컵(400ml)
□ 소고기 다짐육 35~40g   □ 당근 조금(20g)

1. 애호박과 당근을 잘게 다져 주세요.

2. 냄비에 다진 채소와 소고기 다짐육을 넣어 주세요.

3. 채수를 소량 부어 다진 채소와 소고기 다짐육을 넣어 중강불로 2~3분간 볶은 후 나머지 채수를 붓고 밥도 같이 넣어 중약불로 10분간 끓여 주세요.

 TIP

간을 하는 아이라면 소금을 넣어 주세요.

무염

황태 달걀죽

황태 달걀죽은 아침 메뉴로 제격이죠. 밥 대신 누룽지를 넣으면
더 고소하게 먹을 수 있어요. 누룽지를 밤에 불리면
바쁜 아침 시간에도 빠르게 아침밥을 만들어 줄 수 있답니다.

재료 (2인분)

□ 누룽지 70g □ 달걀 1개 □ 들기름 1작은술
□ 황태 30g □ 물 2컵(400ml) (황태 불린 물 1과 1/4컵(250ml) 포함)

1. 황태를 물에 불려 잔가시를 제거하고 잘게 잘라 주세요.

2. 냄비에 들기름을 두르고 자른 황태를 넣어 중불로 1분간 볶아 주세요.

3. 누룽지를 넣고 물을 부어 중강불로 10~15분간 끓여 주세요.

4. 누룽지가 잘 풀어지면 달걀을 풀어 넣고 저어 주세요.

 TIP

누룽지가 없다면 밥으로 대체해서 만들 수 있어요.

무염

김 달걀죽

특별한 재료 필요 없이 김, 달걀만 있으면 아침 메뉴를 뚝딱 만들 수 있어요.
채소가 있다면 넣어 줘도 좋고, 없어도 괜찮습니다.
아침에 뜨끈한 죽 한 그릇으로 우리 아이 든든한 아침을 만들어 주세요.

재료 (1~2인분)

- □ 밥 90g
- □ 조미되지 않은 김 1팩
- □ 달걀 1개
- □ 채수 1과 1/4컵(250ml)

1. 냄비에 채수와 밥을 넣고 중강불로 5~10분간 끓여 주세요.

2. 밥알이 어느 정도 풀어지면 달걀을 풀어 넣고 저어 주세요.

3. 조미되지 않은 김을 부셔서 넣고 약불로 30초 ~1분간 더 끓여 주세요.

 TIP

밥이 없다면 누룽지를 불려 넣어 줄 수 있어요. 좀 더 고소한 맛을 느낄 수 있습니다.

저염

사골 된장죽

된장은 식물성 단백질의 좋은 공급원이며 우리 몸에 필수인
아미노산을 함유하고 있어요. 특히 사골육수로 만들면 더 깊은 맛을 느낄 수 있는데요.
된장죽을 한번 만들어 보세요. 추운 날 뜨끈한 아침으로 먹기 좋답니다.

재료 (1~2인분)

□ 밥 90g   □ 애호박 조금(50g)   □ 물 1/2컵(100ml)
□ 새송이버섯 1/2개(50g)   □ 사골육수 1과 1/2컵(300ml)   □ 된장 1작은술

1. 새송이버섯과 애호박을 잘게 다져 주세요.

2. 냄비에 사골육수와 물을 넣고 중강불로 10분
간 끓여 주세요.

3. 된장을 풀어 주세요.

4. 밥, 새송이버섯, 애호박을 넣고 중약불로 5~10
분간 더 조려 주세요.

🍲 **TIP**

국물이 자작하게 남아 있을 때쯤 불을 꺼 주세요. 식으면서 죽으로 변한답니다.

PART 2

(후루룩 마시는
스프, 국, 면)

밥하기 어려운 날, 만들기 딱 좋은 후루룩 먹는 메뉴
뜨끈한 국물 요리나 맛 좋은 면 요리로 아이의 한 끼를 채워 보아요.

저염

콩나물국

콩나물국은 어른뿐만 아니라 아이도 의외로 좋아하는 메뉴예요.
끓이기가 쉬워, 아이용은 덜어 놓고 어른용으로 간을 더해서 만들면
온 가족 한 끼를 완성할 수 있답니다.

재료 (2인분)

□ 콩나물 100g
□ 채수 2컵(400ml)
□ 간장 1작은술

1. 냄비에 채수를 붓고 중강불로 10분간 끓여 주세요.

2. 깨끗하게 씻은 콩나물을 넣어 3~4분간 데쳐 주세요.

3. 간장을 넣으며 간을 맞춰 주세요.

 TIP

콩나물국은 처음부터 끝까지 뚜껑을 열고 끓이거나, 뚜껑을 닫고 끓여야 비린내가 나지 않아요.

감자 달걀국

햇감자는 여름 제철 식재료죠. 감자를 먹는 방법은 많지만
정말 간단한 방법은 국에 넣는 거예요.
맑은 감자 달걀국을 아이에게 아침에 따뜻하게 주면 한 끼 뚝딱이랍니다.

재료 (2인분)

- □ 감자 1개(100g)
- □ 대파 조금(10g)
- □ 달걀 2~4개
- □ 채수 2컵(400ml)

1. 감자는 깍둑썰기하고 대파는 얇게 채 썰어 주세요.

2. 냄비에 채수와 준비한 채소를 넣고 중강불로 10~15분간 끓여 주세요.

3. 감자가 익으면 달걀을 풀어서 두른 뒤 젓지 말고 기다려 주세요.

 TIP

손질된 닭다리나 닭볶음탕용 닭을 사용하면 편하게 만들 수 있어요. 닭을 건진 뒤 국물에 밥과 채소를 넣고 끓이면 닭죽이 됩니다.

저염

두부 애호박 달걀국

애호박과 두부는 정말 쉽고 부담 없이 구할 수 있는 식재료죠.
호불호 없이 아이가 잘 먹어 주는 재료기 때문에 국으로 끓여도 부담이 없어요.
거기에 몽글몽글 달걀까지 넣어 주면 한 끼 뚝딱 완성이랍니다.

재료 (2인분)

□ 두부 1/2모(150g) □ 달걀 1개 □ 간장 1큰술
□ 애호박 1/3개(90g) □ 채수 2와 1/2컵(500ml)

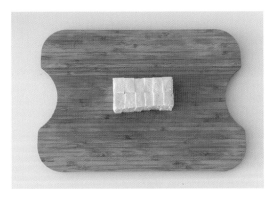

1. 두부를 깍둑썰기해 주세요.

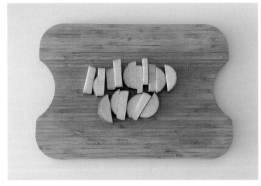

2. 애호박은 반달썰기해 주세요.

3. 냄비에 채수, 두부, 애호박, 간장을 넣고 중강 불로 10~15분간 끓여 주세요.

4. 달걀을 풀어 넣고 저어 주세요.

 TIP

간을 하는 아이라면 소금 한 꼬집 넣어 주세요.

저염

소고기 무국

유아식을 처음 시작하면 가장 쉽게 할 수 있는 게 바로 국입니다.
그중에서도 아이가 잘 먹는 국이 바로 소고기 무국이죠. 특히 소고기 무국은
손쉽게 만들 수 있는 유아식 국 중 하나예요.

재료 (2인분)

☐ 소고기 60g ☐ 대파 조금(10g) ☐ 간장 1작은술
☐ 무 100g ☐ 채수 3컵(600ml) ☐ 들기름 1큰술

1. 무를 아이가 먹기 좋은 크기로 깍둑썰기해 주세요.

2. 냄비에 들기름을 두르고 소고기와 준비한 무를 중불로 3~5분간 볶아 주세요.

3. 채수와 간장을 넣고 중불로 10분간 끓인 후 약불로 줄여 10분간 더 끓여 준 뒤 대파를 고명으로 올리면 완성입니다.

 TIP

무가 푹 익을 때까지 끓여 주는 게 포인트예요. 중간중간 뜨는 불순물은 걷어서 버려 주세요.

저염

두부 미역국

미역국은 아이가 잘 먹는 메뉴 중 하나인데요.
미역국 하나로도 다양한 레시피가 가능해요. 특히 고기를 잘 안 먹는 아이라면
여기에 두부를 넣어 주세요. 아이가 가리지 않고 잘 먹는 메뉴가 될 거예요.

재료 (2인분)

□ 두부 1/2모(150g)   □ 다진 마늘 7g   □ 간장 1작은술
□ 미역 한 줌   □ 물 3컵(600ml)   □ 참기름 1큰술

1. 미역을 물에 넣어 불려 주세요.

2. 두부를 아이가 먹기 좋은 크기로 깍둑썰기해 주세요.

3. 냄비에 불린 미역과 다진 마늘, 간장, 참기름을 넣고 중불로 3~5분간 볶아 주세요.

4. 물을 넣고 중강불로 10분간 끓여 주세요.

5. 깍둑썬 두부를 넣고 중약불로 10분간 더 끓여 주세요.

🍲 **TIP**

간을 하지 않는 아이는 간장을 제외해도 괜찮습니다.

저염

오이냉국

여름에 불 앞에서 요리하기 힘들 때 후다닥 만들 수 있는 국이죠.
신맛을 싫어하는 아이를 위해서 새콤달콤하게 만든 메뉴예요.
불린 미역을 넣으면 미역 오이냉국이 된답니다.

재료 (2인분)

- ☐ 오이 1/4개(50g)
- ☐ 채수 1컵(200ml)
- ☐ 사과즙 조금(60ml)
- ☐ 식초 2작은술
- ☐ 올리고당 1작은술
- ☐ 후리가케 2큰술

1. 큰 볼에 채수와 사과즙, 식초, 올리고당을 넣고 국물을 만들어 주세요.

2. 오이를 얇게 채 썰어 준비해 주세요.

3. 국물에 채 썬 오이를 넣고 후리가케까지 뿌려 주세요.

TIP

사과즙이 없다면 사과 착즙 주스를 활용해 볼 수 있어요. 국물을 만든 다음 냉장고에 잠깐 두고 차게 만들어 아이에게 제공해 주세요.

저염

소고기 미역국

아이가 돌이 되면 가장 먼저 만들게 되는 음식이 소고기 미역국이죠.
미역이 부드러워서 아이가 잘 먹는 메뉴 중 하나예요.
'밥태기'가 왔을 때 소고기 미역국 하나 끓여 주면 완밥 가능한 메뉴랍니다.

재료 (2인분)

□ 소고기 60g   □ 다진 마늘 7g   □ 간장 1작은술
□ 미역 10g   □ 채수 3컵(600ml)

1. 미역을 물에 넣어 불려 주세요.

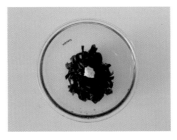

2. 불린 미역에 다진 마늘을 넣어 주세요.

3. 간장을 넣어 주세요.

4. 냄비에 양념된 미역을 넣어 중강불로 2~3분간 볶아 주세요.

5. 소고기도 같이 넣고 볶아 주세요.

6. 채수를 부어 중강불로 10~15분간 끓여 주세요.

🍲 **TIP**

간을 하는 아이라면 소금 한 꼬집 넣어 주세요.

저염

김 달걀국

초기 유아식 시기에 자주 주던 메뉴예요.
김과 달걀만 있어도 훌륭한 유아식 메뉴를 만들 수 있어요.
식재료가 없을 때 만들기 좋은 메뉴랍니다.

재료 (2인분)

□ 조미되지 않은 김 2팩 □ 채수 2컵(400ml)
□ 달걀 1개   □ 간장 1작은술

1. 냄비에 채수와 간장을 넣고 중강불로 5~10분
간 끓여 주세요.

2. 채수가 끓으면 달걀을 풀어 두른 뒤 젓지 말고
기다려 주세요.

3. 조미되지 않은 김을 부셔 넣어 중약불로 5분간
더 끓여 주세요.

 TIP

간을 하는 아이라면 소금 한 꼬집 넣어 주세요.

감자 어묵국

어묵국에 무가 아닌 감자를 넣어 보세요.
포슬포슬 감자와 쫄깃한 어묵이 어우러져서 맛있는 한 끼가 된답니다.

재료 (2인분)

☐ 감자 1개(100g)   ☐ 양파 1/2개(45g)   ☐ 간장 1작은술
☐ 어묵 1~2장   ☐ 채수 2와 1/2컵(500ml)

1. 감자는 깍둑썰기, 어묵은 네모썰기, 양파는 채 썰어 주세요.

2. 냄비에 채수와 준비한 감자를 넣고 중강불로 10분간 끓여 주세요.

3. 준비한 어묵과 양파를 넣고 중약불로 5분간 끓여 주세요.

4. 간장을 넣어 간을 맞춰 주세요.

 TIP

간을 하는 아이라면 소금 한두 꼬집 넣어 주세요.

저염

황태 감자국

황태국은 뽀얀 국물에 단백질이 가득해 성장기 아이에게도 영양 만점인 메뉴예요.
여기에 달걀까지 넣어 주면 더 든든한 국 요리가 될 거예요.
뜨끈한 국물을 준비해서 아이 아침으로 챙기면 어떨까요?

재료 (2~3인분)

□ 황태채 40g   □ 양파 1/2개(45g)   □ 간장 1작은술   □ 들기름 1작은술

□ 감자 1개(100g)   □ 달걀 1개   □ 물 2와 1/2컵(500ml)(황태 불린 육수 1과 1/4컵(250ml) 포함)

1. 황태채를 물에 불려 잔가시를 제거해 주세요.

2. 감자를 먹기 좋은 크기로 잘라 주세요.

3. 냄비에 들기름을 두르고 황태채를 넣어 중불로 1분간 볶고 양파를 먹기 좋은 크기로 잘라 넣어 주세요.

4. 물을 부어 준비한 감자를 넣고 중강불로 10분간 끓여 주세요.

5. 간장을 넣고 간을 맞춰 주세요.

6. 달걀을 풀어 두른 뒤 젓지 말고 기다려 주세요.

🍲 **TIP**

아이가 달걀 알레르기가 있다면 달걀은 제외해도 괜찮습니다.

무염

사골 들깨 미역 떡국

미역국은 소고기만 들어간다고 생각하기 쉽지만, 미역국은 떡국과도 잘 어울려요.
미역 떡국은 밥 없이도 한 끼 대용으로 충분한데요.
떡을 씹을 수 있는 시기인 15개월부터 먹이는 게 좋답니다.

재료 (2인분)

☐ 자른 미역 3g ☐ 사골육수 2컵(400ml)
☐ 떡국떡 50g ☐ 들깨가루 2작은술

1. 자른 미역을 불려 주세요.

2. 냄비에 사골육수와 불린 미역을 넣고 중강불로 5~10분간 끓여 주세요.

3. 물이 끓으면 떡국떡을 넣어 주세요.

4. 중강불로 5~10분간 더 끓이고 떡이 익으면 들깨가루를 넣어 주세요.

 TIP

간을 하는 아이라면 소금으로 간을 맞춰 주세요. 떡국떡은 미리 물에 불려 놓으면 더 부드러워집니다.

저염

팽이버섯 된장국

팽이버섯은 손쉽게 구할 수 있는 식재료고, 맛과 영양이 좋아 된장찌개,
버섯전골 등 다양한 요리에 응용됩니다. 유아식을 할 때도
국에 넣기 좋은 식재료라 자주 사용하게 되죠. 팽이버섯, 애호박만 넣고 끓였는데
아이가 잘 먹는 메뉴랍니다.

재료 (2인분)

☐ 팽이버섯 1팩   ☐ 양파 1/2개(45g)   ☐ 된장 1작은술
☐ 애호박 1/5개(60g)   ☐ 채수 2와 1/2컵(500ml)

1. 팽이버섯, 애호박, 양파를 아이가 먹기 좋은 크기로 잘라 주세요.

2. 냄비에 채수를 넣고 된장을 체에 풀어 중강불로 10분간 끓여 주세요.

3. 준비한 팽이버섯, 애호박, 양파를 모두 넣고 중강불로 5~10분간 더 끓여 주세요.

 TIP

된장을 넣었기 때문에 간은 따로 하지 않았어요. 간을 하는 아이라면 소금으로 간을 맞춰 주세요.

저염

두부 무국

무는 의외로 아이가 잘 먹는 식재료 중 하나인데요. 특히 초기 유아식 할 때
가장 쉽게 끓일 수 있는 게 바로 무국이죠. 무 자체로도 단맛과 시원한 맛이 나서
아이도 잘 먹는 메뉴예요. 두부까지 들어 있어 아이가 더 좋아하는 국이랍니다.

재료 (2인분)

- □ 두부 1/2모(150g)
- □ 무 100g
- □ 채수 2와 1/2컵(500ml)
- □ 간장 1작은술
- □ 들기름 1작은술

1. 무와 두부를 깍둑썰기해 주세요.

2. 냄비에 들기름을 두르고 준비한 무를 넣어 중강불로 2~3분간 볶아 주세요.

3. 채수를 붓고 준비한 두부를 넣어 중강불로 10분간 끓여 주세요.

4. 간장으로 간을 맞춰 주세요.

 TIP

두부 무국 위에 대파까지 올려 주면 더 좋답니다.

저염 매생이국

칼슘이 많은 매생이는 뼈를 튼튼하게 하는 데 도움을 준다고 하죠.
또한 단백질, 지방, 탄수화물이 적절히 섞여 있어 영양적으로도 좋은데요.
매생이로 할 수 있는 가장 쉬운 메뉴가 바로 매생이국이에요.
국 안에 두부 대신 떡을 넣어도 좋답니다.

재료 (1~2인분)

☐ 건조 매생이 2g   ☐ 채수 2와 1/2컵(500ml)   ☐ 새우젓 1작은술

☐ 두부 조금(50g)   ☐ 간장 1작은술

1. 건조 매생이를 물에 푼 다음 깨끗하게 씻어 주세요.

2. 냄비에 채수를 넣고 중강불로 10분간 끓이다가 준비한 매생이를 넣어 주세요.

3. 두부를 깍둑썰어 넣고 중강불로 5~10분간 더 끓여 주세요.

4. 간장을 넣어 주세요.

5. 새우젓을 넣어 간을 맞춰 주세요.

🍲 **TIP**

두부 대신 새우를 넣어 끓여도 맛있답니다.

무염

삼계탕

아이가 아플 때나, 밥태기가 왔을 때 쉽게 끓일 수 있으면서도 목 넘김이 부드러워
잘 먹는 음식 중 하나예요. 어른이 먹는 삼계탕에는 보통 약재를 넣고 끓이는 게
정석이지만, 아이가 먹을 땐 약재를 빼고 만들어요. 국물 요리 중 제일 쉬운 게
바로 삼계탕이니 꼭 해 보길 바랄게요.

재료 (1인분)

☐ 닭다리 2개   ☐ 통마늘 10~15개
☐ 대파 2뿌리   ☐ 물 3과 1/2컵(700ml)

1. 냄비에 닭다리를 넣고 끓는 물에 5분간 데쳐 주세요.

2. 국물을 버리고 한번 씻은 다음 냄비에 데친 닭다리와 통마늘, 깍둑썬 대파를 넣어 물을 채워 중간불에서 20분간 끓여 주세요.

🍲 **TIP**

닭을 건져내고 그 국물에 밥과 채소를 넣고 끓이면 닭죽이 됩니다.

무염

닭곰탕

닭곰탕은 초기 유아식부터 해 줄 수 있는 메뉴 중 하나예요. 닭곰탕 하나만 있어도
다른 반찬 없이 한 끼 먹일 수 있고, 밥태기가 온 아이도 닭곰탕을 제공하면
잘 먹는다는 후기가 많아요. 먹기 좋게 살을 발라 뜨끈한 국 위에 올려 주면
아이가 정말 좋아한 답니다.

재료 (2인분)

- ☐ 닭볶음탕용 닭 500~600g
- ☐ 대파 1뿌리
- ☐ 물 3과 1/2컵(700ml)
- ☐ 양파 1개(90g)
- ☐ 통마늘 20개

1. 냄비에 닭볶음탕용 닭을 넣은 뒤 끓는 물에 데쳐 주세요.

2. 깨끗한 물에 데친 닭을 씻고 냄비에 닭, 양파, 대파, 통마늘을 넣고 물을 부어 뚜껑을 덮고 중불로 20분간 끓여 주세요.

3. 삶은 닭은 건져서 살만 발라 주세요.

4. 양파와 통마늘은 건져내고 국물에 대파를 채 썰어 넣고 중약불로 3~5분간 끓여 닭고기 살을 넣어 주면 완성입니다.

TIP

간을 하는 아이라면 소금으로 간을 맞춰 주세요.

저염

순두부 애호박 들깨탕

들깨탕은 구수하고 담백한 맛이죠. 들깨만 들어가도 맛이 확 달라져서
무염 유아식 할 때 특히 활용하기 좋답니다. 들깨에는 지방산과 단백질이
풍부하게 들어가 있어서 건강에도 좋죠. 채소 요리나 국물 요리와 함께 섭취하면
영양소를 다양하게 보충할 수 있답니다.

재료 (2인분)

☐ 순두부 1/2모(175g)   ☐ 애호박 1/2개(140g)   ☐ 들깨가루 2큰술
☐ 팽이버섯 1/2개   ☐ 채수 2와 1/2컵(500ml)

1. 순두부를 잘라 주세요.

2. 애호박은 반달썰기, 팽이버섯은 밑단을 잘라
주세요.

3. 냄비에 채수와 준비한 애호박과 팽이버섯을 넣
고 중강불로 10분간 끓여 주세요.

4. 어느 정도 익으면 준비한 순두부와 들깨가루
를 넣어 중강불로 3~5분간 끓여 주세요.

🍲 **TIP**

팽이버섯은 선택사항입니다. 집에 남은 버섯이 있다면 같이 넣어 보세요. 훨씬 맛이 좋아질 거예요.

저염

순두부 달걀탕

가끔 밥하기 싫을 때 있잖아요. 이 순두부 달걀탕 하나면 완밥 뚝딱이에요.
순두부와 달걀 이 두 가지만 있으면 간단하게 만들 수 있는 아이 국이랍니다.
요령 없이도 이 메뉴 한 가지면 아이가 완밥하는 모습을 볼 수 있을 거예요.

재료 (2인분)

☐ 순두부 1/2모(175g) ☐ 멸치육수 2와 1/2컵(500ml) ☐ 대파 조금
☐ 달걀 2개 ☐ 간장 1큰술

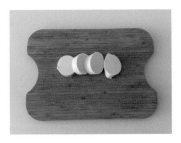
1. 순두부를 잘라 준비해 주세요.

2. 냄비에 멸치육수를 붓고 간장을 넣어 중강불로 5~10분간 끓여 주세요.

3. 물이 끓으면 준비한 순두부를 넣고 중약불로 5분간 더 끓여 주세요.

4. 달걀을 풀어 두른 뒤 젓지 말고 기다려 주세요.

5. 대파를 고명으로 올려 주세요.

TIP

간을 하는 아이라면 소금 한 꼬집 넣어 주세요.

무염

새우 완자 달걀탕

새우 완자는 만들어 두면 활용할 곳이 많은데요.
그중에 하나가 바로 새우 완자 달걀탕입니다. 반찬이 없을 때 미리 만들어 둔
새우 완자에 달걀을 풀어 달걀탕을 만들어 주면 한 끼 뚝딱이에요.

재료 (1인분)

※ 새우 완자 만드는 방법은 332쪽을 참고하세요.

□ 새우 완자 5개 □ 양파 조금(20g) □ 채수 2와 1/2컵(500ml)
□ 애호박 조금(20g) □ 달걀 1개

1. 냄비에 채수를 붓고 애호박과 양파는 채 썰어 넣어 주세요.

2. 중강불로 10분간 끓여 주세요.

3. 새우 완자를 넣어 3분간 더 끓여 주세요.

4. 달걀을 풀어 두른 뒤 젓지 말고 기다려 주세요.

 TIP

간을 하는 아이라면 간장이나 소금으로 간을 맞춰 주세요.

무염 두부 콩국수

콩물을 넣지 않아도 콩국수를 만들 수 있어요.
더운 여름에 불을 쓰지 않고도 만들 수 있는 간단한 메뉴입니다.
출출할 때 먹는 간식 또는 주말 점심으로 만들어 보아요.

재료 (1인분)

☐ 소면 30g   ☐ 깨 한 줌   ☐ 땅콩버터 1큰술
☐ 두부 1/2모(150g)   ☐ 우유 3/5컵(120ml)

1. 두부를 끓는 물에 1분간 데쳐 주세요.

2. 준비한 두부와 우유, 깨, 땅콩버터를 믹서기에 갈아 주세요.

3. 끓는 물에 면을 넣어 5분간 익혀 주고, 면을 찬 물에 식힌 후 그릇에 담아 준비한 뒤 만들어 둔 콩 물을 부으면 완성입니다.

TIP

두부는 양질의 식물성 단백질이 많은 식품이에요. 콩을 안 먹는 아이라면 두부를 갈아서 아이 입맛에 맞는 콩국수로 단백질을 보충해 보세요.

무염

애호박 김국수

가끔 밥하기 싫은 날이나 밥이 없는 날 하기 좋은 메뉴가 바로 국수죠.
국수는 아이도 면치기를 하며 잘 먹는 메뉴 중 하나인데요.
국 없이 들기름으로 면만 끓여서 만들 수 있는 쉬운 메뉴입니다.

재료 (1인분)

☐ 소면 30g   ☐ 채수 조금(20ml)   ☐ 김자반 1팩
☐ 애호박 조금(40g)   ☐ 들기름 1큰술

1. 소면을 끓는 물에 3~4분간 삶아 주세요.

2. 프라이팬에 채수를 넣고 애호박을 얇게 채 썰어 넣어 중약불로 5분간 볶아 익혀 주세요.

3. 소면 위에 들기름을 올려 무친 후 고명으로 애호박과 김자반을 올리면 완성입니다.

TIP

간을 하는 아이라면 간장 1작은술을 넣어 주세요.

저염

어묵 잔치국수

잔치국수에 달걀지단이 아닌 어묵을 올려 보세요. 특별한 한 끼가 될 거예요.
가끔 아이에게 주말 특식으로 만들어 주기 좋은 메뉴랍니다.

재료 (1인분)

☐ 소면 30g   ☐ 애호박 조금(30g)   ☐ 멸치육수 2컵(400ml)
☐ 어묵 1장   ☐ 당근 조금(20g)   ☐ 간장 1작은술

1. 애호박과 당근을 채 썰어 주세요.

2. 어묵을 끓는 물에 1분간 데쳐 주세요

3. 소면을 끓는 물에 3~4분간 삶아 주세요.

4. 냄비에 멸치육수와 준비한 채소를 넣고 중강불로 10분간 끓여 주세요.

5. 간장으로 간을 해 주세요

 TIP

어묵을 꼬치에 꽂으면 더 먹음직스러운 비주얼이 된답니다.

무염

들기름국수

주말 간식 또는 점심으로 주기 좋은 들기름국수예요.

들어간 재료가 많지 않아도 김, 들기름과 국수만으로 충분히 맛있는 맛을 낼 수 있답니다.

밥이 없을 때나 시간이 없을 때 빠르게 만들 수 있는 메뉴예요.

재료 (1인분)

☐ 소면 30g
☐ 들기름 2작은술
☐ 김자반 1팩

1. 소면을 끓는 물에 3~4분간 삶아 주세요.

2. 면을 찬물로 헹궈 주세요.

3. 면에 들기름과 김자반을 넣고 섞어 주세요.

 TIP

간을 하지 않는 아이라면 조미되지 않은 김을 제공해 주면 됩니다.

무염

브로콜리 새우 파스타

브로콜리는 미국의 〈타임지〉가 선정한 세계 10대 푸드 중 하나입니다.
비타민 C가 풍부해 감기 예방에 효과적인 식품이죠. 데쳐서 크림소스에 넣어
같이 먹으면 아이도 쉽게 먹을 수 있답니다.

재료 (1인분)

- □ 펜네 파스타면 20g
- □ 브로콜리 5줄기
- □ 새우 10마리
- □ 무염버터 15g
- □ 우유 1컵(200ml)
- □ 아기 치즈 1장

1. 브로콜리를 끓는 물에 2~3분간 데쳐 주세요.

2. 펜네 파스타면을 끓는 물에 3~5분간 삶아 주세요.

3. 프라이팬에 무염버터를 녹이고 브로콜리와 새우를 넣어 중강불에 3분간 볶아 주세요.

4. 우유를 넣고 중약불로 5~7분간 끓여 주세요.

5. 어느 정도 졸아들면 아기 치즈를 넣어 약불로 끓여 주세요.

6. 삶아 놓은 파스타면을 넣고 섞어 주세요.

TIP

파스타면은 푸실리, 펜네 같은 숏파스타면을 사용하면 아이가 먹기 편해요.

무염

라구 파스타

밥이 없을 때 쌀파스타면을 활용하는데요.
이때 파스타소스는 미리 만들어 둔 라구소스를 넣어 만들면 정말 간단하게
한 끼를 제공할 수 있답니다. 특식 느낌이 나서 아이도 잘 먹는 메뉴예요.

재료 (1인분)

※ 라구소스 만드는 방법은 344쪽을 참고해 주세요.

- □ 펜네 파스타면 20g
- □ 라구소스 100g
- □ 채수 1/2컵(100ml)
- □ 아기 치즈 1장

1. 펜네 파스타면을 끓는 물에 10분 이상 끓여 주세요.

2. 냄비에 끓인 면과 라구소스, 채수를 넣고 중약불로 2~3분간 조려 주세요.

3. 약불로 줄여 아기 치즈를 넣고 섞어 주세요.

 TIP

펜네 파스타면은 다른 파스타면보다 소스가 더 빨리 배어든답니다.

무염

고구마 뇨끼

뇨끼는 반죽을 경단처럼 둥글게 빚은 파스타를 말합니다.
고구마 뇨끼는 감자 뇨끼보다 훨씬 더 달콤한 맛이 나서 아이가 더 좋아한 답니다.
밀가루 대신 쌀가루를 넣어 건강하게 만들어 보세요.

재료 (1~2인분)

- □ 찐 고구마 2개(160g)
- □ 새송이버섯 1/2개(45g)
- □ 달걀 1개
- □ 무염버터 7g
- □ 우유 1컵(200ml)
- □ 쌀가루 2큰술

1. 큰 볼에 찐 고구마와 달걀을 넣고 으깨주세요.

2. 쌀가루를 넣어 반죽을 만들어 주세요.

3. 반죽을 경단과 비슷한 크기로 만들어 주세요.

4. 끓는 물에 고구마 반죽을 넣고 떠오르면 건져 주세요.

5. 프라이팬에 무염버터와 작게 썬 새송이버섯을 넣어 중강불로 1분간 볶아 주세요.

6. 우유를 넣고 중강불로 3~5분간 끓여 파스타 크림소스를 만든 후 고구마 뇨끼를 넣어 주세요.

TIP

좀 더 진한 맛을 원한다면 아기 치즈 1장을 마지막에 넣어 주세요.

순두부 그라탕

순두부는 밥 대신 먹어도 포만감이 있고, 부드러워서 초기 유아식에서 많이 접하는
식재료입니다. 다른 반찬 없이 순두부 그라탕 안에 채소와 고기를 넣어서 만들면
든든한 한 끼가 완성됩니다. 특별한 간 없이 만들었기 때문에 달걀 알레르기 없는
아이라면 돌 전에도 먹을 수 있어요.

재료 (2인분)

- □ 순두부 1모(175g)
- □ 소고기 40g
- □ 방울토마토 10개
- □ 달걀 2개
- □ 아기 치즈 1장
- □ 기름 조금

1. 순두부를 먹기 좋은 크기로 잘라 주세요.

2. 방울토마토를 반으로 잘라 주세요.

3. 프라이팬에 기름을 두르고 방울토마토와 소고기를 넣어 중강불로 1분간 익혀 주세요.

4. 내열 용기에 순두부를 먼저 넣고, 소고기와 방울토마토 순으로 올려 주세요.

5. 달걀을 풀어 내열 용기에 부어 주세요.

6. 아기 치즈를 찢어 맨 위에 올려 주고 에어프라이어에서 175도로 15분간 돌려 주세요.

🍲 TIP

방울토마토 대신 토마토소스를 사용해도 무방합니다.

저염

고구마 브로콜리 그라탕

브로콜리는 식이섬유가 풍부하고 비타민 C, K, 철분, 칼슘 등의 영양소까지 함유된
채소입니다. 브로콜리와 고구마를 함께 먹으면 면역력 강화, 혈압 혈당을 조절하는
효과가 있죠. 고구마의 달콤함과 브로콜리의 쌉싸름함이 잘 어울리기 때문에
궁합이 좋은 식재료로 그라탕을 만들어 한 끼 식사 대용으로 만들 수 있어요.

재료 (2인분)

- □ 찐 고구마 2개
- □ 브로콜리 5줄기
- □ 사과 1/6개(40g)
- □ 피자 치즈 1팩

1. 오븐용기에 찐 고구마를 넣어 으깨 주세요.

2. 사과를 잘게 다져 주세요.

3. 으깬 고구마 위에 잘게 다진 사과를 올려 주고 그 위에 데친 브로콜리와 얇게 썬 사과를 올려 주세요.

4. 피자 치즈를 위에 덮어 주세요.

5. 에어프라이어로 165도에서 10분간 돌려 주세요.

 TIP

사과가 없다면 안 넣어도 괜찮습니다.

무염

감자 스프

6~7월은 감자철이죠. 감자철에 감자와 양파 딱 두 가지 재료로 감자 스프를 만들면
든든한 아침으로 최고랍니다. 어른은 묽은 스프도 잘 먹지만,
아이는 조금 꾸덕한 느낌으로 만들어 스스로 먹을 수 있게 하는 게 좋아요.
주말 아침으로 딱인 메뉴예요.

재료 (2인분)

☐ 감자 1개(100g)   ☐ 무염버터 7g
☐ 양파 1개(90g)   ☐ 우유 1컵(200ml)

1. 감자를 깍둑썰기해 주세요.

2. 양파를 채 썰어 주세요.

3. 냄비에 무염버터와 준비한 채소를 넣고 중강불로 1~2분간 볶아 주세요.

4. 우유를 부어 중강불로 10~15분간 끓여 주세요.

5. 재료가 익었으면 불을 끄고 재료를 믹서기에 갈아 주세요.

 TIP

감자를 미리 쪄서 준비한 재료와 다 같이 믹서기에 갈고 끓이는 순서로 만들어도 좋아요. 편한 방법을 선택해서 만들어 주세요.

무염

감자 당근 스프

아침에 부드럽게 먹을 수 있는 것 중 하나가 바로 스프죠.
당근과 감자를 익혀 스프를 만들어 보세요.
생크림 없이 우유를 넣고 만들어도 충분히 맛있답니다.

재료 (2인분)

- □ 감자 1/2개(50g)
- □ 당근 조금(30g)
- □ 양파 조금(20g)
- □ 무염버터 15g
- □ 우유 9/10컵(180ml)
- □ 아기 치즈 1장

1. 감자와 당근을 작은 크기로 깍
둑썰고, 양파는 채 썰어 주세요.

2. 냄비에 무염버터를 녹이고
양파를 넣어 중강불로 1분간 볶
아 주세요.

3. 우유를 일부 붓고 준비한 나
머지 채소를 넣은 뒤 중약불로
5분간 끓여 주세요.

4. 어느 정도 익었으면 불을 끄
고 준비한 채소를 믹서기에 갈
아 주세요.

5. 남은 우유를 다 붓고 갈아 놓
은 채소, 아기 치즈를 넣어 다시
중약불로 3~5분간 끓여 주세요.

🍲 **TIP**

집에 빵이 있다면 빵과 함께 아침으로 제공해 보세요.

무염 # 고구마 스프

고구마 스프를 밤에 만들어 놨다가 아침에 제공해 보세요.
아침밥 만드는 시간이 훨씬 단축될 거예요. 아침에 밥을 주기 어려울 땐
이렇게 색다르게 스프를 제공해 주는 것도 방법이랍니다.

재료 (1~2인분)

☐ 찐 고구마 1개(80g)   ☐ 무염버터 15g
☐ 양파 조금(20g)   ☐ 우유 1컵(200ml)

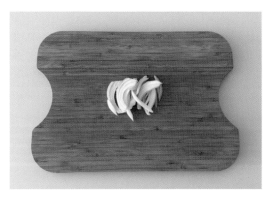

1. 양파를 채 썰어 주세요.

2. 프라이팬에 무염버터와 양파를 넣고 중강불로 1~2분간 볶으며 캐러멜라이징 해 주세요.

3. 찐 고구마와 준비한 양파, 우유를 넣어 믹서기로 곱게 갈아 주세요.

4. 냄비에 간 재료와 우유를 넣어 중약불로 5분간 끓여 주세요.

 TIP

성분 좋은 빵에 스프를 같이 제공해 줘도 든든한 아침이 될 거예요.

PART 3

(한 입에 쏙 먹는
전)

냉장고에 있는 재료로 한 입에 쏙 넣어 먹는 전을 만들어 보세요.
간단한 레시피지만 영양은 듬뿍 들어 있어 아이에게 자주 만들어 주면 좋답니다.

무염

감자채 전

감자철에 꼭 해 보면 좋은 감자채전이에요. 특히 감자는 손쉽게 구할 수 있는 재료죠.
온 가족이 같이 먹을 수 있어 여러 장 부쳐서 다 같이 드세요.
갈지 않고 채로 썰어서 먹으면 더 맛있답니다.

재료 (2인분)

☐ 감자 2개(200g)   ☐ 찹쌀가루 3큰술
☐ 달걀 1개   ☐ 기름 조금

1. 감자를 얇게 채 썰어 주세요.

2. 물에 헹군 후 물기를 빼 주세요.

3. 큰 볼에 찹쌀가루를 넣고 섞어 주세요.

4. 프라이팬에 기름을 두르고 준비한 감자를 올린 뒤 가운데 부분을 동그랗게 만들어 약불로 구워 주세요.

5. 감자가 거의 다 익으면 가운데 부분에 달걀을 넣어 주세요.

🍲 **TIP**

굳이 달걀을 가운데에 넣지 않고 감자전 가운데에 아기 치즈를 올려서 반을 접어 줘도 좋아요.

무염 당근김전

당근은 눈 건강에도 좋지만, 뇌 건강에도 좋다고 알려져 있죠. 각종 비타민,
식이섬유 등을 함유하고 있어 면역력 증진에 도움을 준다고 해요.
특히 당근을 익혀 먹으면 함유된 영양소들이 더 잘 흡수되고 달콤한 맛과 향을 느낄 수
있어요. 당근 위에 김을 올려 주면 당근을 싫어하는 아이도 김인지 알고 먹을 거예요.

재료 (2인분)

☐ 당근 1/2개(50g)   ☐ 물 조금(30ml)   ☐ 기름 조금
☐ 조미되지 않은 김 3장   ☐ 전분가루 2큰술

1. 당근을 채 썰거나 채칼로 채를 만들어 주세요.

2. 큰 볼에 준비한 당근과 전분가루, 물을 넣은 다음 섞어서 반죽을 만들어 주세요.

3. 프라이팬에 기름을 두르고 전을 약불로 부친 뒤 어느 정도 당근이 익으면 그 위에 김을 올려 뒤집어서 익혀 주세요.

 TIP

김을 올리지 않아도 되지만, 김이 있으면 조금 더 특별한 전이 된답니다. 먹으면 정말 달달한 맛이 나기 때문에 당근을 먹지 않는 아이도 이렇게 하면 잘 먹을 거예요.

무염 단호박 전
단호박 전

단호박은 그냥 먹어도 맛있지만, 다양하게 요리해 본다면 훨씬 맛있는 음식이 된답니다.

재료도 간단한 단호박 전을 만들어 아이 반찬으로 제공해 보세요.

계속 반찬을 집어 먹는 아이 모습을 볼 수 있을 거예요.

재료 (2인분)

☐ 찐 단호박 140g ☐ 찹쌀가루 2큰술
☐ 달걀 1개 ☐ 기름 조금

1. 찐 단호박을 믹서기에 갈 수 있도록 잘라 주세요.

2. 준비한 단호박과 달걀을 넣고 믹서기에 갈아 주세요

3. 큰 볼에 간 단호박과 찹쌀가루를 넣고 반죽을 만들어 주세요.

4. 프라이팬에 기름을 두르고 전을 약불로 부쳐 주세요.

 TIP

단호박이 이미 익혀져 있기 때문에 타지 않을 정도로 익혀 주세요.

무염

채소 밥 전

아이가 밥을 잘 안 먹을 때 자주 해 주던 메뉴예요.
이렇게 해 주면 아플 때도 잘 먹는 메뉴가 된답니다. 전날 남은 밥이나 죽이 있다면
전으로 만들어 보세요. 의외로 맛있는 음식으로 재탄생 할 수 있어요.

재료 (1인분)

□ 밥 90g   □ 애호박 조금(30g)   □ 달걀 1개
□ 새송이버섯 조금(30g)   □ 양파 조금(30g)   □ 기름 조금

1. 애호박, 양파, 새송이버섯을 작게 다져 주세요.

2. 큰 볼에 준비한 새송이버섯과 애호박, 양파, 밥, 달걀을 넣고 반죽을 만들어 주세요.

3. 프라이팬에 기름을 두르고 전을 약불로 부쳐 주세요.

 TIP

소고기 다짐육을 넣어 주면 더 영양가 있는 한 끼를 제공할 수 있어요.

무염

콩나물 전

콩나물은 무침만 한다는 편견이 있는데, 한번 전으로 만들어 보세요.
콩나물전은 아삭하게 씹히는 식감이 새롭답니다. 콩나물을 안 먹는 아이도
전으로 부쳐 주면 잘 먹는 반찬이 되니 꼭 만들어 보세요.

재료 (2인분)

☐ 콩나물 1/2팩   ☐ 달걀 1개   ☐ 기름 조금

☐ 양파 조금(30g)   ☐ 전분가루 2작은술

1. 콩나물을 깨끗하게 씻고 끓는 물에 2분간 데쳐 가위로 잘게 잘라 주세요.

2. 양파를 다져 주세요.

3. 큰 볼에 준비한 콩나물과 양파, 달걀과 전분가루를 넣고 반죽을 만들어 주세요.

4. 프라이팬에 기름을 두르고 전을 약불로 부쳐 주세요.

 TIP

전분가루가 없다면 부침가루, 밀가루, 쌀가루 등으로 대체해도 괜찮습니다.

무염 # 매생이 전

매생이 전은 특별히 간을 하지 않아도 맛있어요.
매생이국을 잘 안 먹는 아이라면 매생이를 활용해서 전을 만들어 보세요.
철분이 풍부해서 아이가 잘먹는 메뉴로 만들어 주면 좋답니다.

재료 (1~2인분)

··

□ 건조 매생이 2g   □ 달걀 1개   □ 기름 조금

□ 새우 3마리   □ 쌀가루 4작은술

1. 건조 매생이를 물에 풀어 준 다음 깨끗하게 씻어 주세요.

2. 큰 볼에 씻은 매생이와 달걀, 쌀가루 넣고 반죽 만들어 주세요.

3. 프라이팬에 기름을 두르고 반죽 위에 새우를 올려 약불로 부쳐 준 뒤 앞뒤로 구워 주세요.

 TIP

간을 하는 아이라면 부침가루를 사용해도 좋습니다.

무염

애호박 치즈 전

애호박에는 비타민 A, C, E, K 등이 함유되어 있고, 면역력 강화에 좋은 식재료랍니다.
특히 아이에게 마땅히 해 줄 반찬이 없을 때 애호박 하나로 다양한 음식을 만들 수 있어요.
애호박 치즈 전은 여러 번 해 줘도 실패 없는 레시피랍니다.

재료 (2인분)

- □ 애호박 1/2개(140g)
- □ 아기 치즈 1장
- □ 달걀 1개
- □ 전분가루 2큰술
- □ 기름 조금

1. 애호박을 다지기로 다져서 큰 볼에 넣어 주세요.

2. 달걀, 전분가루를 넣고 반죽을 만들어 주세요.

3. 프라이팬에 기름을 두르고 전을 약불로 부친 후 반죽이 익기 전에 전 위에 아기 치즈를 올려 주세요.

4. 반죽이 익으면 전을 반 접어 만두 모양으로 만들어 주세요.

 TIP

전분가루가 없다면 쌀가루, 밀가루도 괜찮아요. 혹시 달걀이 없다면 전분가루나 찹쌀가루를 사용해 주세요.

고구마 치즈 전

고구마는 풍부한 영양소를 갖춘 음식이죠. 특히 베타카로틴, 카로티노이드 등이
함유되어 있어 항암효과가 뛰어나고 알칼리성 식물이며 각종 비타민, 무기질,
양질의 식이섬유가 풍부해 건강 간식으로 손색없어요.
달콤한 맛에 짭조름한 치즈를 넣은 전을 만들면 아이가 더 잘 먹는 간식이 된답니다.

재료 (2인분)

□ 찐 고구마 2개(160g)　　□ 우유 조금(10ml)
□ 아기 치즈 1장　　　　　□ 기름 조금

1. 찐 고구마를 우유와 섞어 반죽을 만들어 주세요.

2. 동그란 모양으로 만들어 안에 아기 치즈를 넣어 주세요.

3. 프라이팬에 기름을 두르고 전을 약불로 부쳐 주세요.

 TIP

이미 찐 고구마를 활용했기 때문에 프라이팬 약불로 조절해서 짧은 시간 내에 부쳐 주세요.

무염

소고기 감자 전

감자와 소고기 궁합이 좋아서 초기 유아식에 소고기 감자 전을 자주 만들었는데요.
이걸 전으로 만들면 또 다른 맛이 난답니다. 아이가 더 달라고 조르는 메뉴예요.

재료 (1인분)

- □ 소고기 다짐육 60g
- □ 감자 1개(100g)
- □ 전분가루 1큰술
- □ 기름 조금

1. 감자를 작게 깍뚝썰어 주세요.

2. 전자레인지 용기에 준비한 감자를 담아 전자레인지에 4분간 돌려 주세요.

3. 큰 볼에 감자를 넣고 으깨 주세요.

4. 소고기 다짐육, 전분가루를 넣고 반죽을 만들어 주세요.

5. 반죽을 동그랗게 만들어 주세요.

6. 프라이팬에 기름을 두르고 전을 약불로 부쳐 주세요.

🍲 **TIP**

약불로 조절을 잘해야 합니다. 속까지 익을 수 있도록 처음부터 약불로 부쳐 주세요.

무염 소고기 달걀 전

초기 유아식 때 자주 먹였던 메뉴가 바로 소고기 달걀 전이에요.
달걀 알레르기가 없다면, 달걀을 넣어 전처럼 부쳐 보세요.
육전 느낌도 나기 때문에 굳이 간을 하지 않아도 아이가 잘 먹어 주는 반찬이 될 거예요.

재료 (2인분)

□ 소고기 다짐육 60g   □ 당근 조금(10g)   □ 쌀가루 1작은술

□ 달걀 1개   □ 양파 조금(10g)   □ 기름 조금

1. 양파, 당근을 믹서기에 잘게 다져 주세요.

2. 큰 볼에 준비한 채소와 소고기 다짐육, 달걀, 쌀가루를 넣고 반죽을 만들어 주세요.

3. 프라이팬에 기름을 두르고 전을 약불로 부쳐 주세요.

 TIP

양을 늘리려면 재료를 두 배로 해서 조금 더 넉넉하게 만들 수 있어요.

무염

새우 양배추 전

양배추는 위 건강에 특히 효능이 있으며, 식이섬유가 많아 장운동을 활발하게 하는 데
도움을 주죠. 건강에 좋은 식재료임에도 불구하고, 양배추만 주게 되면
아이가 잘 안 먹는데 짭조름한 새우와 함께 전을 부쳐 주면 잘 먹을 거예요.
미국의 <타임지>가 선정한 서양 3개 장수식품 중 하나인 양배추를 꼭 이렇게 먹여 보세요.

재료 (2인분)

□ 새우 5마리　　　□ 달걀 1개　　　□ 기름 조금
□ 양배추 80g　　　□ 전분가루 1작은술

1. 새우와 양배추를 잘게 다져 주세요.

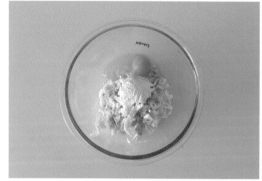

2. 큰 볼에 준비한 새우와 양배추, 달걀과 전분가루까지 같이 넣고 반죽을 만들어 주세요.

3. 프라이팬에 기름을 두르고 전을 약불로 부쳐 주세요.

 TIP

간을 하는 아이라면 반죽에 소금 한 꼬집 넣어 간을 맞춰 주세요.

팽이버섯 부추 전

부추는 비타민 A와 C를 함유하고 혈액순환에 도움이 되지만,
향이 있어 아이가 싫어할 수 있는 재료입니다.
팽이버섯의 쫄깃함과 부추의 궁합이 좋아 전으로 만들어 주면
아이도 거부감 없이 잘 먹을 수 있는 메뉴랍니다.

재료 (2인분)

☐ 팽이버섯 1/2개 ☐ 달걀 1개 ☐ 기름 조금
☐ 부추 100g ☐ 전분가루 2작은술

1. 팽이버섯과 부추를 작게 잘라 주세요.

2. 큰 볼에 준비한 팽이버섯과 부추, 달걀과 전분 가루를 넣고 반죽을 만들어 주세요.

3. 프라이팬에 기름을 두르고 전을 약불로 부쳐 주세요.

 TIP

편한 모양으로 만들어 아이에게 제공할 때 잘라 주면 편해요.

무염

부추 새우 전

부추와 궁합이 좋은 식재료 중 하나가 해산물과 달걀인데요.
새우는 그 자체로 먹어도 맛있지만, 영양가 많은 부추와 함께 먹으면 더욱 좋답니다.

재료 (2인분)

☐ 부추 30g   ☐ 달걀 1개   ☐ 기름 조금
☐ 새우 5~7마리   ☐ 전분가루 2작은술

1. 부추를 잘게 다져 주세요.

2. 새우를 잘게 다져 주세요.

3. 큰 볼에 준비한 부추와 새우, 달걀과 전분가루를 넣고 반죽을 만들어 주세요.

4. 프라이팬에 기름을 두르고 전을 약불로 부쳐 주세요.

 TIP

간을 하는 아이라면 소금으로 간을 맞춰 주세요.

무염

소고기무전

소고기와 무 조합으로 전으로 부쳐봤더니 아이가 정말 잘 먹는 반찬이 됐어요.
특히 무는 소화를 돕는 역할을 하고 달달한 맛이 나서 아이가 처음 먹어도
거부감 없이 잘 먹는 식재료 중 하나입니다. 해 줄 때마다 잘 먹는 반찬이니
아이가 소고기를 거부할 때 이 반찬 꼭 해 보길 바랄게요.

재료 (2인분)

☐ 소고기 90~100g   ☐ 배 조금(30g)   ☐ 기름 조금
☐ 무 30g   ☐ 전분가루 2작은술

1. 무와 배를 믹서기에 곱게 갈아 주세요.

2. 큰 볼에 소고기를 넣고 준비한 무와 배를 넣어 섞어 주세요.

3. 전분가루를 넣고 반죽을 만들어 주세요. (손으로 치대면 더 쫀득해져요.)

4. 프라이팬에 기름을 두르고 전을 약불로 부쳐 주세요.

TIP

배 대신 양파로 대체해도 됩니다.

무염

브로콜리 옥수수 전

여름에 제철인 옥수수! 비타민, 미네랄 등 영양분이 풍부한 여름철 대표 식재료죠.
풍부한 식이섬유가 들어 있어서 포만감도 오래 유지해 주는데
여기에 브로콜리를 더해 보세요.
노란색과 초록색의 조화가 어우러져 보기에도 먹기에도 좋은 음식이 완성됩니다.

재료 (2인분)

□ 찐 옥수수 1개   □ 물 조금(20ml)   □ 아기 치즈 1장
□ 브로콜리 5줄기   □ 전분가루 1큰술   □ 기름 조금

1. 찐 옥수수를 칼로 잘라서 알맹이만 남겨 주세요.

2. 브로콜리를 작게 다져 주세요.

3. 준비한 브로콜리를 끓는 물에 1분간 데쳐 주세요.

4. 큰 볼에 데친 브로콜리와 전분가루, 물, 아기 치즈까지 넣고 반죽을 만들어 주세요.

5. 프라이팬에 기름을 두르고 전을 약불로 부쳐 주세요.

 TIP

큰 전 모양이나 작은 전 모양, 어떤 모양이든 상관없어요. 엄마가 만들기 쉬운 크기로 만들어 보세요.

무염

팽이버섯 오트밀 전

집에 팽이버섯만 있을 때 해 주기 좋은 메뉴예요.
유아식 처음 시작하고 종종 해 줬는데 아이가 참 잘 먹습니다.
팽이버섯, 오트밀가루 조합이 꽤 괜찮답니다.
밀가루나 쌀가루 대신 오트밀가루를 넣어 보세요.

재료 (1인분)

☐ 팽이버섯 1/2개   ☐ 오트밀가루 2작은술

☐ 달걀 1개   ☐ 기름 조금

1. 팽이버섯을 잘게 다져 주세요.

2. 큰 볼에 달걀을 풀어 넣고 팽이버섯과 오트밀가루를 넣어 반죽을 만들어 주세요.

3. 프라이팬에 기름을 두르고 전을 약불로 부쳐 주세요.

 TIP

약불로 부치는 게 중요해요. 안까지 다 익을 수 있도록 꼭 불 조절을 해 주세요.

무염

양배추 감자 오트밀 전

양배추가 많이 남으면 무엇을 만들지 늘 고민인데요.
그럴 때 제일 만만하고 아이가 잘 먹는 요리가 바로 전입니다.
여기에 밀가루나 부침가루 대신 오트밀가루를 넣으면 색다르게
맛있는 건강한 맛이 난답니다.

재료 (2인분)

☐ 감자 1/2개(50g)   ☐ 달걀 2개   ☐ 기름 조금
☐ 양배추 50g   ☐ 오트밀가루 4작은술

1. 양배추를 얇게 채 썰어 주세요.

2. 감자를 얇게 채 썰어 주세요.

3. 채 썬 감자의 물기를 빼 주세요.

4. 큰 볼에 준비한 채소와 오트밀가루, 달걀을 넣고 반죽을 만들어 주세요.

5. 프라이팬에 기름을 두르고 큰 전을 약불로 부쳐 주세요.

 TIP

감자가 없다면 양배추만 넣어서 만들어 볼 수 있습니다.

고구마 두부 전

고구마와 두부를 같이 전으로 부치면 좀 더 포만감 있고 든든한 반찬이 만들어진답니다.
여기에 각종 채소를 더해 주세요. 건강한 한 끼를 제공해 줄 수 있어요.

재료 (1~2인분)

□ 찐 고구마 1개(80g)   □ 당근 조금(10g)   □ 쌀가루 1작은술
□ 두부 1/4모(75g)   □ 양파 조금(10g)   □ 기름 조금

1. 당근과 양파를 다져 주세요.

2. 두부를 으깨 큰 볼에 넣은 다음 찐 고구마와 준비한 채소, 쌀가루를 넣어 반죽을 만들어 주세요.

3. 반죽을 동글한 모양으로 만들어 주세요.

4. 프라이팬에 기름을 두르고 전을 약불로 부쳐 주세요.

 TIP

채소는 집에 있는 채소를 사용해도 괜찮습니다.

무염

감자 애호박 전

애호박과 감자는 여름 제철 음식으로, 두 재료의 궁합이 참 좋답니다.
감자전, 애호박전 따로따로 만들어 먹어도 좋지만,
가끔 이렇게 같이 갈아서 먹으면 더 쫄깃하고 맛있는 전이 될 거예요.

재료 (1인분)

☐ 찐 감자 1개(100g) ☐ 전분가루 2작은술
☐ 애호박 조금(30g) ☐ 기름 조금

1. 찐 감자와 애호박을 믹서기에 갈아 주세요.

2. 전분가루를 넣고 반죽을 만들어 주세요.

3. 프라이팬에 기름을 두르고 전을 약불로 부쳐 주세요.

 TIP

아이가 치즈를 좋아한다면 아기 치즈까지 넣어서 만들어 볼 수 있어요.

PART 4

형형색색 맛스러운 반찬

반찬 투정을 부리던 아이도 잘 먹는 특급 반찬
형형색색 보기 좋은 반찬을 만들어 아이에게 맛스러운 한 끼를 차려 보아요.

청포묵 무침

말랑말랑한 젤리 식감이라 의외로 아이가 잘 먹는 밑반찬 메뉴랍니다.
특별한 재료는 들어가지 않고 김과 달걀만 넣어 주는 간단한 유아식 메뉴예요.

무염

재료 (3인분)

☐ 청포묵 1개(400g)   ☐ 참기름 1큰술   ☐ 통깨 넉넉히
☐ 달걀 1개   ☐ 김자반 1큰술

1. 청포묵을 아이가 먹기 좋은 크기로 잘라 주세요.

2. 자른 청포묵을 끓는 물에 데쳐 주세요.

3. 달걀을 지단으로 만들어서 잘라 주세요.

4. 큰 볼에 데친 청포묵과 지단, 참기름, 김자반, 통깨를 넣고 버무려 주세요.

 TIP

달걀 알레르기가 있다면 달걀은 빼도 좋답니다. 청포묵과 김 조합으로도 충분히 맛있는 반찬이에요.

저염

도토리묵 무침

도토리묵은 도토리 녹말을 물에 풀어 끓인 다음 굳힌 음식입니다.
부드러운 식감 때문에 아이가 잘 먹는 반찬 중 하나죠.
특히 도토리묵은 아콘산 성분을 함유해서 체내 중금속을 배출하기 때문에 미세먼지와
황사가 가득한 날에 도토리묵을 먹으면 효과를 볼 수 있답니다.

재료 (2~3인분)

- □ 도토리묵 1개(400g)
- □ 상추 4장
- □ 당근 조금(색내기용)
- □ 간장 1큰술
- □ 올리고당 1작은술
- □ 통깨 조금

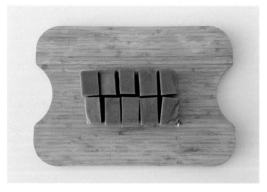

1. 도토리묵을 아이가 먹기 좋은 크기로 잘라 주세요.

2. 도토리묵을 끓는 물에 1분간 데쳐 주세요.

3. 상추는 작은 크기로 자르고 당근은 채 썰어 주세요.

4. 큰 볼에 데친 도토리묵, 상추, 당근까지 모두 넣고 간장과 올리고당, 통깨를 부어 조심스럽게 버무려 주세요.

 TIP

상추와 당근은 없어도 괜찮습니다. 도토리묵도 아이가 의외로 잘 먹는 밑반찬 중 하나예요.

무염 청경채 두부 무침

식판에 반찬칸이 비었을 때 급하게 만들기 좋은 메뉴예요.
청경채는 다른 식재료와 볶아먹기도 하지만 이렇게 무침으로 먹어도 맛있답니다.
청경채는 미네랄이 풍부한 채소라서 건강에 매우 좋아요.

재료 (2인분)

□ 두부 1/2모(150g)   □ 참기름 1작은술   □ 통깨 조금
□ 청경채 2개   □ 들깨가루 1작은술

1. 두부를 끓는 물에 3분간 데쳐 주세요.

2. 청경채도 뿌리 부분을 잘라 끓는 물에 2~3분간 데쳐 주세요.

3. 데친 두부를 으깨고 청경채는 물기를 짜서 같이 섞어 주세요.

4. 으깬 두부 위에 들깨가루를 넣어 주세요.

5. 참기름까지 넣은 뒤 다 같이 섞어 주세요.

6. 마지막에 통깨를 뿌려 주세요.

 TIP

들깨가루가 없다면 생략해도 좋습니다.

저염

콩나물 무침

초기 유아식 때 자주 만들던 메뉴예요.
아이가 어린 월령이라면 콩나물을 작게 잘라서 무침을 만드는 게 좋아요.
아이가 씹는 게 익숙해졌을 땐 특별히 손질하지 않아도 잘 먹는 답니다.
특별한 간 없이도 잘 먹는 메뉴 중 하나예요.

재료 (2인분)

□ 콩나물 100g   □ 참기름 2작은술
□ 간장 1작은술

1. 콩나물을 깨끗하게 씻어 끓는 물에 3~4분간 데
쳐 주세요.

2. 데친 콩나물을 찬물에 헹궈 주세요.

3. 큰 볼에 준비한 콩나물을 넣고 참기름과 간장
을 넣어 간을 맞춰 주세요.

 TIP

간을 하는 아이라면 소금 한두 꼬집 넣어 주세요.

저염 고등어 무 조림

고등어는 무와 궁합이 좋다고 알려져 있죠.
특히 고등어에는 불포화지방산인 EPA가 어류 중에 가장 많이 들어 있고,
소고기에 뒤지지 않을 정도로 단백질이 많이 들어 있어요.
소고기를 안 먹는 아이도 고등어 무조림은 잘 먹을 거예요.

재료 (2인분)

□ 고등어 중자 1마리　　□ 대파 1뿌리　　　　□ 간장 2작은술
□ 무 80g　　　　　　　□ 채수 1컵(200ml)

1. 고등어를 통째로 3등분으로 잘라 주세요.

2. 무를 아이가 먹기 좋은 크기로 깍둑썰기해 주세요.

3. 준비한 고등어와 무를 냄비에 깔고 채수와 간장을 넣고 중강불로 10분간 조려 주세요.

4. 어느 정도 조려지면 대파를 썰어 넣고 중약불로 3분간 더 조려 주세요.

🍲 **TIP**

고등어는 뼈없는 고등어를 사용했어요. 고등어 비린내가 걱정이라면 조리 전에 쌀뜨물이나 우유에 잠깐 담궈 보세요. 비린내 제거에 효과가 있답니다.

메추리알 조림

메추리알은 비타민 A 성분이 풍부하게 들어 있어 신체 저항력을 강화하고
면역력을 높여 주는 데 도움이 됩니다.
메추리알을 활용해 가장 대표적으로 만들어 볼 수 있는 음식이 바로 메추리알 조림이죠.
만들기도 간단하고 아이도 잘 먹는 반찬이랍니다.

재료 (3인분)

☐ 깐 메추리알 20개   ☐ 간장 3큰술

☐ 채수 1컵(200ml)   ☐ 비정제 원당 1큰술

1. 깐 메추리알을 물에 깨끗하게 씻어 주세요.

2. 냄비에 채수를 넣어 강불에서 5~10분간 끓여 주세요.

3. 끓인 채수에 준비한 메추리알을 넣고, 간장을 넣어 주세요.

4. 비정제 원당을 넣고 중불로 졸아들 때까지 끓여 주세요.

🍲 **TIP**

냉장고에 두고 먹을 수 있는 밑반찬 중 하나지만 빨리 먹지 않으면 상할 가능성이 있으니 적당한 양을 만들어 보관해 주세요.

저염

두부 조림

두부 조림은 다른 부재료를 많이 넣지 않아도
그 자체로 맛있고 부드러운 반찬이라 아이가 특히 잘 먹는 메뉴예요.

재료 (1인분)

☐ 두부 1/2모(150g)   ☐ 배도라지즙 조금(50ml)   ☐ 참기름 1작은술   ☐ 기름 조금

☐ 양파 1/2개(45g)   ☐ 간장 1작은술   ☐ 올리고당 1작은술

1. 두부는 작게 깍둑썰기해 주세요.

2. 양파는 다져 주세요.

3. 간장, 올리고당, 참기름, 배도라지즙을 넣고 양념을 만들어 주세요.

4. 프라이팬에 기름을 두르고 양파를 넣어 중강불로 1분간 볶아 주세요.

5. 준비한 두부를 넣고 구워 주세요.

6. 만들어 둔 양념을 부어 약불로 1분간 조려 주세요.

🍲 **TIP**

양파가 없다면 안 넣어도 괜찮습니다.

고구마 우유 조림

다른 재료 없이 고구마로만 만들 수 있는 아이 반찬이에요.
시간 없는 워킹맘도 정말 쉽게 만들 수 있답니다.
달달하고 부드러운 맛이 아이의 입맛을 사로잡을 거예요.

재료 (1인분)

☐ 고구마 1개(80g)　　☐ 우유 3/5컵(120ml)
☐ 무염버터 7g　　　　☐ 올리고당 2작은술

1. 고구마를 깍둑썰기해 주세요.

2. 깍둑썬 고구마를 전자레인지 용기에 담고 전자레인지에 5분 이상 돌려 익혀 주세요.

3. 프라이팬에 무염버터와 준비한 고구마를 넣고 고구마를 무염버터에 녹여 주세요.

4. 우유를 부어 중약불로 3~5분간 조려 주세요.

5. 걸쭉해졌을 때 올리고당을 넣어 약불로 섞어 주세요.

 TIP

올리고당 대신 알룰로스로 대체 가능합니다.

저염

감자 카레 우유 조림

감자는 땅속의 사과라고 불릴 정도로 다양한 효능을 지니고 있는데요.
비타민 C, 비타민 B6, 철분, 마그네슘, 칼륨 등 영양소가 풍부하고 섬유질이 많아
소화를 도와준다고 해요. 흔히 감자 조림은 간장으로 만들지만
우유와 카레가루를 넣으면 또 색다른 반찬이 될 수 있답니다.

재료 (2인분)

☐ 감자 1개(100g)   ☐ 우유 9/10컵(180ml)
☐ 소고기 다짐육 35g   ☐ 카레가루 1작은술

1. 감자는 깍둑썰어서 전자레인지 용기에 넣고 전자레인지에서 4~5분간 돌려 주세요.

2. 프라이팬에 기름 없이 소고기 다짐육을 중강불로 1분간 빠르게 볶아 주세요.

3. 준비한 감자와 우유, 카레가루를 넣고 중약불로 3~5분간 조려 주세요.

 TIP

반찬으로 먹어도 좋지만, 덮밥으로 밥 위에 올려서 비벼 줘도 잘 먹는 답니다.

저염

버섯 무 조림

무 조림에 버섯을 넣으면 쫄깃한 식감을 느낄 수 있는데요.
무만 넣어서 조림을 만들 수도 있지만, 무와 버섯이 만나면
더 맛있는 조림이 완성됩니다.

재료 (2인분)

- □ 새송이버섯 1/2개(45g)
- □ 무 50g
- □ 채수 조금(50ml)
- □ 배도라지즙 조금(50ml)
- □ 간장 1작은술

1. 새송이버섯과 무를 다져 주세요.

2. 프라이팬에 준비한 새송이버섯과 무를 넣고 채수와 배도라지즙을 1:1 비율로 섞어서 넣은 뒤 간장까지 넣어 중약불로 5~10분간 조려 주세요.

🍲 **TIP**

반찬으로도 좋은 메뉴지만, 밥과 김자반을 비벼서 덮밥처럼 먹어볼 수도 있답니다.

저염

닭다리살 조림

닭다리살은 다른 부위보다 부드러워서 다양한 채소를 넣고 조림으로 만들면
아이가 잘 먹는 반찬이 만들어진답니다. 평소에 잘 안 먹는 채소를 넣어 보세요.
닭다리살과 같이 제공하면 아이가 어느새 편식하는 재료도
함께 먹는 모습을 발견할 수 있을 거예요.

재료 (2인분)

- ☐ 닭다리살 100g
- ☐ 새송이버섯 1/2개(40g)
- ☐ 파프리카 40g
- ☐ 물 1/2컵(100ml)
- ☐ 간장 3작은술
- ☐ 올리고당 1작은술
- ☐ 기름 조금

1. 닭다리살을 끓는 물에 1분간 살짝 데쳐 주세요.

2. 새송이버섯과 파프리카를 다져 주세요.

3. 프라이팬에 기름을 두르고 준비한 새송이버섯과 파프리카를 넣고 중강불로 1분간 볶아 주세요.

4. 닭다리살도 같이 넣고 볶아 주세요.

5. 물과 올리고당, 간장을 넣어 중약불로 3~4분간 조려 주세요.

🍲 **TIP**

고구마가 있다면 같이 넣어 주세요. 더 풍부한 맛을 느낄 수 있습니다.

저염

멸치 볶음

아이가 안 먹을 것 같지만, 의외로 잘 먹는 밑반찬 중 하나가 바로 멸치 볶음이에요.
멸치에는 칼슘, 인, 단백질이 풍부하게 함유되어 있어 성장기 아이에게 좋은 식품입니다.

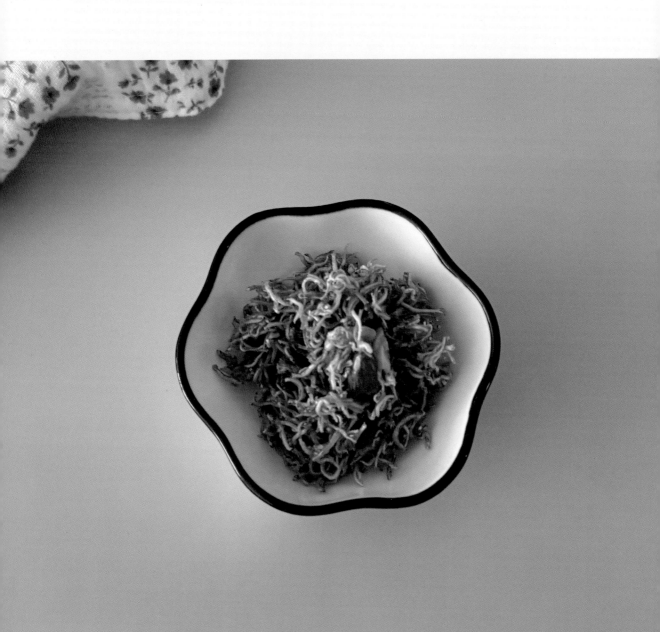

재료 (3~4인분)

□ 멸치 50g   □ 간장 1작은술   □ 마요네즈 1작은술
□ 견과류 한 줌   □ 올리고당 1작은술   □ 기름 조금

1. 멸치를 체에 걸러 주세요.

2. 견과류를 작게 다져 주세요.

3. 프라이팬에 기름 없이 멸치를 중강불로 1~2분간 볶아 수분을 날려 주세요.

4. 프라이팬에 기름을 두르고 볶은 멸치와 견과류, 간장을 넣어 중약불로 2~3분간 볶아 주세요.

5. 불을 끄고 올리고당을 넣어 주세요.

6. 마요네즈를 넣고 다 같이 섞어 주세요.

🍲 **TIP**

멸치 볶음을 처음 먹는 아이는 딱딱한 식감이 낯설 수 있어요. 물에 한 번 불려서 부드러운 멸치 볶음으로 만들어 주면 더 잘 먹는 답니다.

저염

새송이 달걀 볶음

쫄깃하고 비타민 C가 풍부한 새송이버섯이에요.
부재료로 쓰임이 많은 새송이버섯은 달걀과 함께 볶아 주면
더할 나위 없이 훌륭한 반찬이 된답니다.

재료 (1인분)

☐ 새송이버섯 1/2개(45g) ☐ 배도라지즙 조금(10ml) ☐ 기름 조금
☐ 달걀 1개 ☐ 간장 1작은술

1. 새송이버섯을 작은 크기로 잘라 주세요.

2. 프라이팬에 기름을 두르고 준비한 새송이버섯을 넣고 중강불로 1분간 숨이 죽을 때까지 볶아 주세요.

3. 배도라지즙과 간장을 넣고 중약불로 1~2분간 조려 주세요.

4. 달걀을 풀어 스크램블하며 같이 볶아 주세요.

 TIP

새송이버섯이 없다면 팽이버섯으로 대체해서 만들어 줄 수 있어요.

저염

돼지고기 두부 볶음

돼지고기와 두부는 찰떡궁합이에요. 콩 속의 불포화지방산과 비타민 E, 레시틴 성분이
혈관 벽에 콜레스테롤이 쌓이는 것을 막기 때문이죠.
보통은 빨간 돼지고기 두부볶음을 생각하지만, 아이용으로 간장을 넣어 만들 수 있답니다.
그야말로 밥도둑 반찬이죠.

재료 (4인분)

☐ 두부 1모(300g)　　☐ 물 3/4컵(150ml)　　☐ 참기름 1큰술
☐ 돼지고기 다짐육 100g　☐ 간장 1큰술　　☐ 올리고당 1큰술

1. 두부를 아이가 먹기 좋은 크기로 깍둑썰어 주세요.

2. 프라이팬에 기름 없이 돼지고기 다짐육을 넣고 중강불로 1분간 빠르게 볶아 주세요.

3. 물, 간장, 올리고당, 참기름을 부어 주고 두부를 올려서 중강불로 2~3분간 조려 주세요.

 TIP

채소 후레이크가 있다면 넣어 주세요. 아이가 더욱 좋아하는 반찬이 될 거예요.

무염

감자 당근채 볶음

밑반찬으로 있으면 좋은 감자 당근채 볶음이에요.

당근은 특히 지용성이라서 기름에 볶아 주면 영양소가 더 높아지죠.

당근이 없다면 감자만 볶아 줘도 훌륭한 밑반찬이 된답니다.

재료 (2인분)

□ 감자 2개(200g)
□ 당근 1/2개(50g)
□ 기름 조금

1. 감자와 당근을 얇게 채 썰어 주세요.

2. 프라이팬에 기름을 두르고 중강불로 준비한 채소가 익을 때까지 볶아 주세요.

 TIP

당근은 특히 단단한 식재료기 때문에 어린 월령의 아이일수록 확실하게 익혀 주는 게 좋아요. 기름을 쓰기 어렵다면 채수로 볶아 줘도 좋답니다.

무염

양파 달걀 볶음

냉장고에 늘 있는 식재료가 바로 양파죠. 양파와 달걀 딱 두 가지만 있어도
메인 반찬을 만들 수 있답니다. 양파가 익으면서 달달한 맛을 내 주기 때문에
달걀과 잘 어울려요.

재료 (2인분)

☐ 양파 1/2개(45g)
☐ 달걀 1개

1. 양파를 다져 주세요.

2. 프라이팬에 기름 없이 다진 양파를 넣어 중강
불로 3분간 볶아 주세요.

3. 어느 정도 익으면 달걀 스크램블을 만들어 다
같이 섞어 주세요.

 TIP

양파를 버터에 볶아 주면 풍미가 더 살아나요. 아직 간을 하지 않는 아이는 무염버터를 사용해서 볶아 주
세요. 맛이 확 달라지는 것을 느낄 수 있을 거예요.

무염 토마토 달걀 볶음

토마토와 달걀은 궁합이 좋답니다. 달걀에 적게 들어가 있는 비타민 C를
토마토가 대량으로 함유하고 있어서 영양학적으로 시너지를 낼 수 있어요.
특히 바쁜 아침에 간단하지만 든든한 한 끼로 차려 주기 좋답니다.

재료 (2인분)

☐ 방울토마토 5개
☐ 달걀 1개

1. 방울토마토를 4등분으로 잘라 주세요.

2. 프라이팬에 기름 없이 방울토마토를 넣어 중강 불로 2~3분간 볶아 주세요.

3. 방울토마토가 어느 정도 익은 게 눈에 보이면 달걀 스크램블을 만들어 같이 섞어 주세요.

 TIP

토마토의 리코펜 성분은 지용성 영양소기 때문에 기름에 볶아 주면 소화가 더 잘되고 부드러워진답니다.

무염 애호박 달걀 볶음

애호박은 소화가 잘되는 식재료 중 하나인데요. 이유식 시작할 때 애호박이 달달해서
호불호가 없기로도 유명하죠. 애호박 달걀 볶음은 초기 유아식을 시작할 때 해 주기
좋은 유아식 반찬 중 하나랍니다. 특별한 간 없이 채수를 활용해서 만들어 보세요.
아이가 잘 먹는 반찬이 될 거예요.

재료 (2인분)

□ 달걀 1개
□ 애호박 1/3개(95g)
□ 채수 1/2컵(100ml)

1. 애호박을 잘게 다져 주세요.

2. 프라이팬에 채수와 준비한 애호박을 넣고 중강불로 1분간 볶아 주세요.

3. 애호박이 익었다면 달걀을 풀어 같이 섞어 주세요.

 TIP

국물을 자작하게 남겨 두면 밥 위에 올려 덮밥으로 먹을 수도 있어요.

저염

어묵 버섯 볶음

어묵 볶음은 아이, 어른 할 것 없이 누구나 잘 먹는 메뉴인데요.
여기에 버섯까지 같이 넣어 볶아 주면 좀 더 맛있는 어묵 볶음을 만들 수 있어요.

재료 (2인분)

☐ 어묵 1장   ☐ 양파 조금(20g)   ☐ 간장 1작은술

☐ 새송이버섯 1개(90g)   ☐ 물 조금(20ml)

1. 어묵을 끓는 물에 1분간 데쳐 주세요.

2. 새송이버섯과 양파를 다져 주세요.

3. 데친 어묵을 아이가 먹기 좋은 크기로 잘라 주세요.

4. 프라이팬에 기름 없이 준비한 어묵, 새송이버섯, 양파를 넣어 중강불로 2~3분간 볶다가 간장을 넣어 익을 때까지 약불로 조려 주세요.

 TIP

어묵을 고를 때는 어육 함량이 높은 것을 골라 주는 게 좋답니다.

저염

가지 토마토 볶음

가지와 토마토는 여름철 대표적인 제철 음식이죠. 특히 토마토는 익혀 먹으면
라이코펜의 체내 흡수율이 훨씬 높아진다고 합니다. 가지에서 나오는
폴리페놀 성분과 토마토 리코펜의 궁합이 찰떡이라고 하니
이 조합으로 아이 반찬을 만들어 주세요.

재료 (2인분)

□ 가지 1/3개   □ 배도라지즙 조금(50ml)   □ 케첩 1작은술
□ 토마토 1/2개   □ 간장 1작은술   □ 기름 조금

1. 가지와 토마토를 아이가 먹기 좋은 크기로 잘라 주세요.

2. 프라이팬에 기름을 두르고 준비한 채소를 넣고 중강불로 5분간 볶아 주세요.

3. 어느 정도 익으면 배도라지즙, 케첩, 간장을 넣어 약불로 3분간 조려 주세요.

 TIP

가지 토마토 볶음을 밥에 비벼 먹거나, 치즈를 섞어서 같이 먹으면 더 부드러운 맛을 느낄 수 있어요.

토마토 오이 달걀 볶음

오이를 어떻게 먹일지 고민된다면 토마토와 달걀을 함께 볶아서 제공해 보세요.

특히 오이를 볶으면 오이 맛이 잘 나지 않아 아이가 잘 먹는답니다.

여기에 달걀 스크램블까지 함께하면 금상첨화죠?

재료 (2인분)

□ 토마토 1/4개   □ 달걀 1개   □ 올리고당 1작은술
□ 오이 1/4개(50g)   □ 간장 1작은술   □ 기름 조금

1. 오이는 가운데에 씨를 빼고 작게 잘라 주세요.

2. 토마토도 작은 크기로 깍둑 썰어 주세요.

3. 프라이팬에 기름을 두르고 준비한 채소를 넣고 중강불로 2~3분간 볶아 주세요.

4. 간장과 올리고당을 넣고 중약불로 1분간 더 볶아 주세요.

5. 달걀을 풀어 스크램블로 만들어 주세요.

 TIP

오이에 있는 씨는 쓴맛이 나기도 하고, 수분이 많기에 반찬으로 만들 때는 씨를 빼서 만들어 주는 게 좋답니다.

저염

콩나물 버섯 볶음

버섯 볶음에 콩나물을 더하면 영양과 식감의 균형이 더해져
더 맛있는 메뉴를 만들 수 있는데요. 단순히 콩나물을 무침으로만 먹는 것보다
콩나물 버섯 볶음으로 만들어 반찬으로도 먹어 볼 수 있고
덮밥으로도 먹어 볼 수 있으니 꼭 만들어 보세요.

재료 (2인분)

□ 새송이버섯 1개(90g)   □ 다진 마늘 5g   □ 참기름 1작은술
□ 콩나물 100g   □ 간장 1작은술   □ 기름 조금

1. 콩나물을 깨끗하게 씻어 주세요.

2. 새송이버섯은 작게 썰어 주세요.

3. 프라이팬에 기름을 두르고 다진 마늘, 씻은 콩나물을 넣어 중강불에 2분간 볶아 주세요.

4. 준비한 새송이버섯을 넣고 중강불로 숨이 죽을 때까지 볶아 주세요.

5. 간장과 참기름을 넣어 주세요.

TIP

아직 씹는 게 어려운 아이는 콩나물을 가위로 작게 잘라 주세요.

새송이버섯 소고기 볶음

쫄깃한 새송이와 소고기가 잘 어울리는 반찬이에요.
만들어 두면 밥에 비벼 먹을 수도 있고, 반찬으로 먹을 수도 있고,
찬밥에 넣어 볶음밥으로도 먹을 수 있답니다.

재료 (2인분)

☐ 새송이버섯 1개(90g) ☐ 배도라지즙 조금(50ml) ☐ 참기름 1작은술
☐ 소고기 60g ☐ 간장 1작은술 ☐ 기름 조금

1. 새송이버섯을 작게 다져 주세요.

2. 프라이팬에 기름을 두르고 새송이버섯을 넣어 중약불로 3~4분간 볶아 주세요.

3. 소고기를 넣고 중강불로 1분간 볶아 주세요.

4. 배도라지즙과 간장을 넣고 중약불로 2분간 조려 주세요.

5. 불을 끄고 참기름을 둘러 주세요.

🍲 **TIP**

국물이 너무 조려지면 퍽퍽할 수 있어요. 국물이 남아 있을 때 불을 꺼 주세요.

무염

애호박 새우 볶음

간을 하지 않는 아이도 먹을 수 있는 메뉴예요. 애호박은 달큰한 맛 때문에
다양한 레시피에도 잘 어울리지만 특히 새우랑 같이 볶으면 풍미가 더 살아나요.
간단하게 만들 수 있는 밥 반찬 중 하나랍니다.

재료 (1인분)

☐ 애호박 조금(50g)　　☐ 채수 조금(20ml)
☐ 새우 10마리　　　　☐ 참기름 1작은술

1. 애호박을 채 썰어 주세요.

2. 프라이팬에 채수와 준비한 애호박과 새우를 넣고 중강불로 5분간 볶아 주세요.

3. 불을 끄고 참기름을 둘러 주세요.

 TIP

채수만으로도 충분히 감칠맛을 낼 수 있어요. 새우 자체의 짠맛이 있어서 간을 하지 않아도 아이가 잘 먹는 반찬이랍니다.

저염

브로콜리 새우 볶음

브로콜리를 기름에 볶으면 비타민 A의 흡수율을 높일 수 있죠.
여기에 통통한 새우가 짭짤한 맛을 내며 새우에 부족한 비타민 C를
브로콜리가 보완해 주어 아주 좋은 궁합이라고 해요.

재료 (2인분)

□ 브로콜리 5줄기   □ 무염버터 7g   □ 올리고당 1작은술

□ 새우 10마리   □ 간장 1작은술

1. 브로콜리를 끓는 물에 2~3분간 데쳐 주세요.

2. 프라이팬에 무염버터와 준비한 브로콜리, 새우를 넣어 중강불로 2분간 볶아 주세요.

3. 간장을 넣어 약불로 30초~1분간 더 볶아 주세요.

4. 불을 끄고 올리고당을 넣어 섞어 주세요.

🍲 **TIP**

브로콜리는 세척을 잘하는 게 중요합니다. 흐르는 물로 씻지 말고, 송이를 뒤집어 식초를 푼 물에 10분간 담근 뒤 헹궈 주세요.

저염

황태 버터 볶음

황태에는 풍부한 단백질이 함유되어 있어 겨울철에 잦은 감기 예방과
회복력 향상에 도움을 줍니다. 황태국으로 먹을 수도 있지만,
버터와 잘 어울려서 버터와 함께 볶아 아이에게 반찬으로 주어도 좋답니다.

재료 (1인분)

☐ 황태채 40g ☐ 간장 1작은술
☐ 무염버터 15g ☐ 올리고당 1작은술

1. 황태채를 물에 불려 주세요. **2.** 불린 황태채를 아이가 먹기 좋은 크기로 작게 잘라 주세요. **3.** 프라이팬에 무염버터와 자른 황태를 넣어 중강불로 2~3분간 볶아 주세요.

4. 간장을 넣어 약불로 30초~1 분간 더 볶아 주세요. **5.** 불을 끄고 올리고당을 넣어 주세요.

 TIP

황태채를 물에 불려서 손에 걸리는 가시는 제거하고 부드러운 부분만 사용해 주세요.

저염

소고기 오이 볶음

오이를 소고기와 볶으면 달콤하고 식감이 오도독한 맛으로 바뀌어요.
밑반찬으로 만들어 두기에도 좋지만, 밥 위에 올려 덮밥처럼 먹으면 더 맛있답니다.

재료 (1인분)

- [ ] 소고기 다짐육 70g
- [ ] 오이 1/4개(50g)
- [ ] 간장 1작은술
- [ ] 참기름 1작은술
- [ ] 올리고당 1작은술
- [ ] 기름 조금

1. 오이의 씨를 제거하고 잘게 잘라 주세요.

2. 소고기 다짐육에 간장, 올리고당을 넣어 밑간해 주세요.

3. 프라이팬에 기름을 두르고 밑간을 한 소고기 다짐육을 넣어 중강불로 1분간 볶아 주세요.

4. 소고기가 반 정도 익었을 때 자른 오이를 넣어 주세요.

5. 마지막에 참기름을 둘러 주세요.

 TIP

오이를 싫어하는 아이라면 더 작게 잘라도 좋아요.

무염

오이 달걀 볶음

오이와 잘 어울리는 재료는 달걀이 있는데요. 두 가지 재료를 볶아 주기만 해도
따로 먹는 것보다 훨씬 맛있답니다. 밑반찬으로도 제격이지만,
김밥 속재료로 오이 달걀 볶음만 넣어 줘도 든든하고 맛있는 김밥을 만들 수 있어요.

재료 (1~2인분)

☐ 오이 조금(30g)　　☐ 기름 조금
☐ 달걀 1개

1. 씨를 제거한 오이를 잘게 썰어 주세요.

2. 프라이팬에 기름을 두르고 오이를 넣어 볶아
주세요.

3. 오이가 어느 정도 볶아졌을 때, 달걀을 풀어 스
크램블해 주세요.

 TIP

간을 하는 아이라면 간장을 조금 넣어 주세요.

무염

김 달걀말이

달걀말이는 아이도, 어른도 좋아하는 음식이죠. 안에 김이나 치즈를 넣고
달걀말이를 만들어 보세요. 조금 더 특별한 음식이 된답니다.
특히 치즈나 김을 좋아하는 아이는 더 잘 먹을 거예요. 소풍 도시락 메뉴로도 좋답니다.

재료 (2인분)

☐ 달걀 3개
☐ 조미되지 않은 김 8장

1. 큰 볼에 달걀을 풀어 주세요.

2. 달걀말이 팬에 달걀물을 일부 부어 주고 약불로 조절해서 달걀이 약간 익으면 김을 2장씩 올려 주세요.

3. 익은 달걀을 만 후 2번 과정을 반복해 주세요.

 TIP

모양이 잘 나오지 않아도 마지막 모양만 잘 만들어 주면 예쁜 달걀말이가 만들어진답니다.

들깨 무 나물

무는 익으면 달콤한 맛이 나서 생각보다 아이가 잘 먹는 식재료 중 하나예요.
그냥 들기름에 무를 볶아 만들어도 맛있지만, 채수에 들깨가루를 추가해서 만들면
더 고소한 맛으로 변한답니다. 딱히 특별한 간을 하지 않아도
온 가족이 같이 먹을 수 있어서 자주 만드는 메뉴예요.

재료 (2인분)

☐ 무 200g   ☐ 들깨가루 1큰술

☐ 채수 9/10컵(180ml)

1. 무를 가늘게 채 썰어 주세요.

2. 냄비에 채수를 붓고 준비한 무를 넣은 뒤 무가 투명한 색이 될 때까지 중강불로 3분간 볶아 주세요.

3. 어느 정도 볶아졌다면 들깨가루를 넣고 약불로 1분간 더 끓여 주세요.

  TIP

기름 대신 채수를 활용해서 볶음을 했어요. 들기름으로 볶으면 더 고소하고 맛있답니다.

표고버섯 강정

표고버섯 하나만 있어도 맛있는 반찬을 만들 수 있어요.
풍부한 식이섬유가 함유되어 있어 변비 개선에도 좋고 면역력을 키우는 작용도 있어
아이에게 해 주기 좋은 식재료죠. 강정으로 만들어서 먹이면
표고버섯을 먹이기 쉬울 거예요.

재료 (1인분)

☐ 표고버섯 2개(36g)   ☐ 전분가루 1작은술   ☐ 간장 1작은술   ☐ 케첩 1작은술
☐ 물 조금(30ml)   ☐ 쌀가루 1작은술   ☐ 올리고당 1작은술   ☐ 기름 조금

1. 표고버섯을 작게 깍둑썰어 주세요.

2. 준비한 표고버섯에 전분가루와 쌀가루를 묻혀 주세요.

3. 프라이팬에 기름을 두르고 표고버섯을 넣어 중 강불로 1~2분간 튀기듯이 구워 주세요.

4. 물, 간장, 케첩, 올리고당을 섞어 양념을 만들어 넣은 뒤 약불로 1분간 섞어 주세요.

 TIP

표고버섯이 없다면 새송이버섯으로 대체해서 만들어도 됩니다.

저염 두부 강정

두부는 보통 부재료로 많이 사용하지만, 주재료로 두부 강정을 만들어 봤어요.
이렇게 만들면 아이가 정말 좋아하고 잘 먹는 반찬이 된답니다.

재료 (1~2인분)

□ 두부 1/4모(75g) □ 전분가루 1작은술 □ 간장 1큰술
□ 물 조금(20ml) □ 쌀가루 1작은술 □ 올리고당 1작은술

1. 두부를 깍둑썰어 주세요.

2. 준비한 두부에 전분가루와 쌀가루를 묻혀 주세요.

3. 물, 간장, 올리고당을 섞어 양념을 만들어 주세요.

4. 프라이팬에 기름을 두르고 두부를 중강불로 2분간 튀기듯이 구워 주세요.

5. 준비한 양념을 부어 약불로 조려 주세요.

🍲 **TIP**

간을 하는 아이라면 양념에 케첩을 넣어 보세요. 간장소스와는 또 다른 색다른 맛이 날 거예요.

무염

오트밀 버섯 떡갈비

소고기에 밀가루, 달걀 없이 오트밀가루와 버섯만 넣어 떡갈비를 만들 수 있어요.
겉은 바삭한 식감이지만, 소고기와 버섯이 만나니 속은 정말 촉촉해지더라고요.
떡갈비를 만드는 데 오래 걸리고 어렵다고 생각하기 마련이지만
이 레시피는 정말 간단해요.

재료 (2인분)

☐ 소고기 다짐육 60g   ☐ 물 조금(20ml)   ☐ 오트밀가루 4작은술

☐ 새송이버섯 1/2개(45g)   ☐ 감자 전분가루 2작은술   ☐ 기름 조금

1. 새송이버섯을 잘게 다져 주세요.

2. 큰 볼에 소고기 다짐육과 준비한 새송이버섯, 오트밀가루와 감자 전분가루, 물을 넣고 반죽을 만들어 주세요.

3. 프라이팬에 기름을 두르고 반죽을 약불로 노릇노릇 부쳐 주세요.

 TIP

기름 대신 버터를 넣어 주면 더 맛있어요. 간을 하지 않는 아이라면 무염버터를 사용하면 좋답니다.

PART 5

우리 아이가 좋아해요, 간식

밥태기가 온 아이도 저절로 손이 가는 맛나는 간식
각종 채소와 과일로 만든 메뉴로 아이의 건강에도 효과 만점이랍니다.

무염

멜론 빵

여름에만 볼 수 있는 멜론은 달콤한 맛 때문에 아이가 좋아하는 과일이죠.

과일로만 먹기 아쉬울 때, 간단한 재료로 멜론빵을 만들어 보세요.

아침 대용으로 좋고, 간식으로 먹기 좋은 메뉴랍니다.

재료 (1인분)

□ 멜론 3/4개(120g)
□ 달걀 1개
□ 쌀가루 4작은술(20g)

1. 멜론을 작게 깍둑썰어 주세요.

2. 준비한 멜론과 달걀, 쌀가루를 믹서기에 넣고 갈아 반죽을 만들어 주세요.

3. 전자레인지 용기에 반죽을 넣어 주세요.

4. 용기를 전자레인지에 넣고 2분간 돌려 주세요.

 TIP

이유식 만들 때 사용하던 큐브틀을 활용해서 아이 빵을 만들어 볼 수 있어요.

무염 사과 빵

사과는 섬유소가 풍부해 장운동 개선에 효과가 있다고 하죠.

특히 아침에 먹는 사과는 금사과라고 불릴 만큼 건강에 좋은 식품인데요.

특히 껍질에 안토시아닌이라는 항산화력을 가진 물질이 포함되어 있어 껍질째 먹으면

더 좋다고 합니다. 껍질까지 갈아서 사과빵을 만들면 아이도 잘 먹고

특히 아침 대용으로 주기 좋답니다.

재료 (1인분)

□ 사과 1/2개(170g)
□ 달걀 1개
□ 쌀가루 2큰술(30g)

1. 깨끗히 씻은 사과와 달걀을 다지기에 넣어 다져 주세요.

2. 큰 볼에 곱게 다진 재료와 쌀가루를 넣어 반죽을 만들어 주세요.

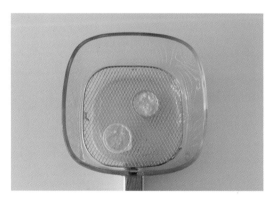

3. 전자레인지 3분 혹은 오븐 용기에 2/3만큼 반죽을 넣고 에어프라이어에서 180도로 10분간 돌려 주세요.

 TIP

어린 월령인 아이는 껍질을 깎아서 만들어 주면 좋답니다.

무염

귤빵

겨울에는 새콤달콤한 귤이 생각나는데요.
비타민 C가 풍부한 귤이라서 생으로 먹어도 맛있지만 빵으로 만들어 먹어도 좋답니다.
겨울 간식으로 만들어 보세요.

재료 (1인분)

☐ 귤 2개(140g)
☐ 달걀 1개
☐ 쌀가루 8작은술(40g)

1. 귤, 달걀을 다지기에 넣고 다져 주세요.

2. 큰 볼에 다진 귤과 쌀가루를 넣어 묽은 반죽을 만들어 주세요.

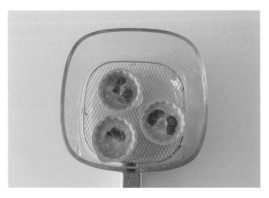

3. 머핀틀에 반죽을 넣고 에어프라이어에서 180도로 17분간 돌려 주세요.

 TIP

머핀틀이 완전히 식으면 꺼내 주세요. 뜨거울 때 빼내면 형태가 무너집니다.

무염

오트밀 단호박 빵

단호박은 면역력을 증진시키고 소화를 돕고 장을 튼튼하게 하는 효능이 있습니다.
여기에 철분이 가득한 오트밀가루까지 넣어서 달달하고 고소한 오트밀 단호박 빵을
만들어 보세요. 온 가족이 먹을 수 있는 훌륭한 간식이 된답니다.

재료 (3인분)

☐ 단호박 150g ☐ 달걀 1개
☐ 오트밀가루 6작은술(30g) ☐ 아기 치즈 1장

1. 단호박을 전자레인지 용기에 넣고 전자레인지에 6분간 돌려서 쪄 주세요.

2. 찐 단호박을 적당한 크기로 잘라 주세요.

3. 큰 볼에 찐 단호박, 달걀, 오트밀가루를 넣고 믹서기로 갈아서 반죽을 만들어 주세요.

4. 전자레인지 용기에 반죽을 넣고 그 사이에 아기 치즈를 찢어서 쏙쏙 넣어 주세요.

5. 전자레인지에 용기를 넣고 2분 30초간 돌려 주세요.

TIP

아기 치즈가 없다면 생략해도 되지만, 반죽 안에 아기 치즈를 넣으면 빵 단면에 치즈가 보여 더 먹음직스러워 보인답니다. 치즈를 좋아하는 아이라면 더 잘 먹을 수 있겠죠?

무염

애호박 달걀 빵

애호박은 익으면 달달한 맛이 나기 때문에, 간식으로 만들기도 좋습니다.
밥하기 힘든 날 아침 대용으로 만들어 보는 것은 어떨까요?

재료 (2인분)

☐ 애호박 1/3개(95g) ☐ 달걀 1개
☐ 요거트 100g ☐ 쌀가루 4작은술(20g)

1. 애호박을 다지기에 넣고 다져 주세요.

2. 큰 볼에 다진 애호박과 달걀, 쌀가루, 요거트를 넣고 반죽을 만들어 주세요.

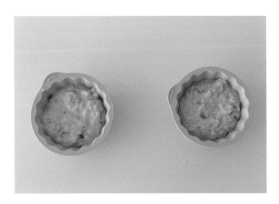

3. 머핀틀에 80%를 채워 에어프라이어에서 180도로 10분간 돌려 주세요. (전자레인지는 2분간 돌려 주세요.)

 TIP

애호박을 얇게 채 썰어서 반죽 위에 올려 구우면 더 예쁜 빵을 만들 수 있어요. 집마다 에어프라이어 출력이 다를 수 있으니 180도로 10분간 먼저 돌려보고 덜 익었다면 1분씩 더 돌려 주세요.

무염

감자 두부 빵

아침을 뭐 해 줄지 늘 고민되고, 매번 밥 차려 주기 힘들 때도 있잖아요.
그럴 때 아침으로 제격인 간식 겸 아침 대용 메뉴랍니다. 안에 치즈가 콕 박혀 있어서
아이가 더 좋아하는 메뉴예요.

재료 (3인분)

□ 감자 1개(100g) □ 달걀 1개
□ 두부 1/2모(150g) □ 아기 치즈 1장

1. 감자를 깍둑썰어 용기에 넣은 후 전자레인지에 4분간 돌려 주세요.

2. 두부는 끓는 물에 1분간 데쳐 주세요.

3. 준비한 감자와 두부를 으깬 후 달걀을 넣어 섞어 주세요.

4. 아기 치즈를 찢어 반죽 안에 넣어 주세요.

5. 머핀틀에 반죽을 부어 준 후 에어프라이어에서 170도로 15분간 돌려 주세요.

TIP

집마다 에어프라이어 출력이 다를 수 있기 때문에 13분간 돌려보고 덜 익었으면 시간을 추가하고 다 익었으면 빼 주세요.

무염

고구마 땅콩버터 빵

고구마는 식이섬유, 비타민 A 등 다양한 영양소를 함유하고 있어
면역력 강화와 소화를 도와주고 땅콩 무염버터는 단백질, 심이석유, 마그네슘 등을
함유하고 있어 에너지를 공급하고 신체기능을 지원하는 역할을 하죠.
고구마의 달콤한 맛, 땅콩버터의 고소한 맛이
잘 어우러져 맛있게 먹을 수 있는 간식이랍니다.

재료 (2인분)

☐ 찐 고구마 1개(100~120g)   ☐ 쌀가루 4작은술(20g)   ☐ 땅콩버터 1작은술
☐ 달걀 1개   ☐ 오트밀가루 4작은술(20g)

1. 큰 볼에 찐 고구마, 달걀, 땅콩버터를 넣어 다 같이 섞어 주세요.

2. 쌀가루, 오트밀가루를 넣고 질퍽한 찰흙 느낌으로 반죽을 만들어 주세요.

3. 머핀틀 또는 오븐용기에 반죽을 80% 정도 채워 주세요.

4. 에어프라이어에서 170도로 10분간 돌려 주세요.

TIP

집마다 에어프라이어 출력이 다를 수 있으므로 10분간 돌린 후 상태를 보고 5분씩 추가해 주세요.

무염

배 당근 빵

9~11월까지 제철인 배는 수분 보충과 비타민을 보충해 주는 좋은 과일이에요.
특히 아이의 기관지가 안 좋을 땐 배즙이 증상 완화, 면역력 향상에 좋다고 알려져 있죠.
생으로 그냥 먹는 것도 좋지만, 색다르게 당근과 함께 넣은 배 당근 빵을 만들어 보세요.
쫀득하고 부드러워 영양 간식으로 즐길 수 있답니다.

재료 (2~3인분)

☐ 배 1/3개(200g)   ☐ 달걀 1개
☐ 당근 1/2개(50g)   ☐ 오트밀가루 8작은술(40g)

1. 배, 당근, 달걀을 다지기에 넣고 다져 주세요.

2. 오트밀가루를 넣고 묽은 반죽을 만들어 주세요.

3. 머핀틀에 넣고 전자레인지 3분 또는 에어프라이어에서 175도로 15분간 돌려 주세요.

 TIP

에어프라이어는 꺼낼 때 다 식은 다음 꺼내 주어야 형태가 무너지지 않아요.

감자 치즈 호떡

감자는 6개월 초기 이유식 시기부터 먹일 수 있는 식재료기 때문에
돌 전에도 간식으로 많이 활용하는 재료입니다. 감자 안에 치즈를 넣어서
호떡처럼 만들면 어른도 아이도 좋아하는 간식을 만들 수 있어요.
남은 건 아이 반찬으로도 제격이랍니다.

재료 (2인분)

- □ 감자 2개(200g)
- □ 아기 치즈 1장
- □ 우유 조금(50ml)
- □ 물 조금(10ml)
- □ 기름 조금

1. 감자를 깍둑썰고 전자레인지 용기에 물과 함께 넣어 전자레인지에 4~5분간 돌려 익혀 주세요.

2. 큰 볼에 준비한 감자를 넣고 우유를 섞어 으깨서 반죽을 만들어 주세요.

3. 반죽을 원 모양으로 만들고 아기 치즈를 4등분해서 그 위에 올려 주세요.

4. 아기 치즈를 만두처럼 감자 반죽의 속 안에 넣고 동그랗게 말아 주세요.

5. 프라이팬에 기름을 두르고 반죽을 호떡 모양으로 눌러 약불로 익을 때까지 노릇노릇 부쳐 주세요.

🍲 **TIP**

이미 감자 재료가 다 익었기 때문에 프라이팬에 부칠 땐 약불로 겉면이 조금 바삭해진다는 느낌만 내 주세요.

무염

두부 채소 크로켓

두부 채소 크로켓은 간식으로도 훌륭하지만, 밥반찬으로 주기에도 좋죠.
고기를 싫어하는 아이는 두부에도 단백질이 많이 들어있으니 두부와 채소를 넣고
크로켓을 만들어 보세요. 겉은 바삭하고 속은 부드러워 아이가 잘 먹는 간식이랍니다.

재료 (2인분)

- ☐ 두부 1/2모(150g)
- ☐ 달걀 2개
- ☐ 애호박 조금(30g)
- ☐ 당근 조금(30g)
- ☐ 전분가루 2작은술(10g)
- ☐ 빵가루 넉넉히
- ☐ 기름 조금

1. 두부의 물기를 닦고 으깨 주세요.

2. 애호박과 당근은 다지기로 다져 주세요.

3. 큰 볼에 으깬 두부와 다진 채소, 전분가루까지 넣고 섞어 주세요.

4. 반죽을 볼 모양으로 만들어 달걀물을 묻혀 주세요.

5. 달걀물에 묻힌 반죽을 빵가루에 묻혀 주세요.

6. 반죽에 기름을 발라 에어프라이어에서 170도로 15분간 돌려 주세요.

 TIP

기름에 튀겨도 맛있지만, 기름 없이 튀길 수 있는 에어프라이어 버전으로 준비했어요. 만약 간을 하는 아이라면 반죽하는 과정에서 소금 한 꼬집 넣어 주세요.

무염

바나나 땅콩 머핀

바나나와 땅콩이 잘 어울려서 아이가 정말 맛있게 먹는 간식이에요.
두 돌이 지나면 집에서 만드는 건강 간식도 잘 안 먹을 때가 있는데,
이 간식은 언제 줘도 잘 먹어요. 온 가족이 같이 먹기 좋은 간식이니 꼭 해 보세요.

재료 (2인분)

☐ 바나나 1개(80g)   ☐ 오트밀가루 4작은술(20g)
☐ 달걀 1개   ☐ 땅콩버터 1작은술

1. 바나나 양끝을 제거하고 큰 볼에 넣어 주세요.

2. 큰 볼에 땅콩버터, 달걀, 오트밀가루를 넣고 다 같이 섞어 주세요.

3. 머핀틀에 반죽을 채워 주세요.

4. 바나나를 반죽 위에 올리고 에어프라이어에서 170도로 15분간 돌려 주세요.

🍲 **TIP**

바나나를 위에 올려 꾸미면 더 먹음직스러운 빵이 됩니다.

바나나 오트밀 쿠키

바나나와 오트밀가루를 활용해 쿠키도 만들 수 있는데요.
쿠키지만 겉은 바삭하고 속은 부드러워서 후기 이유식 시기인 아이도 먹을 수 있어요.
어른도 잘 먹는 건강한 쿠키랍니다.

재료 (1인분)

☐ 바나나 1개(80g)
☐ 오트밀가루 10작은술(50g)

1. 바나나의 양끝을 제거하고 큰 볼에 넣어 주세요.

2. 오트밀가루를 넣고 바나나와 같이 섞어 주세요.

3. 동그랗게 모양을 만들어 오븐 용기에 넣어 주세요.

4. 에어프라이어에서 175도로 18분간 돌려 주세요.

TIP

에어프라이어는 집마다 출력이 다르니 15분간 먼저 돌려보고 시간을 가감해 주세요.

무염

고구마 타르트

고구마 간식은 초중기 이유식 시기부터 먹일 수 있는 건강 간식이죠.
고구마 타르트는 안에 필링을 다양한 재료로 넣어 볼 수 있는데요.
돌 전이라면 고구마 타르트지 안에 과일퓨레를 넣어 만들어 볼 수 있답니다.

재료 (2인분)

□ 찐 고구마 1개(80g)   □ 아기 치즈 1장
□ 달걀노른자 1개   □ 우유 조금(30ml)

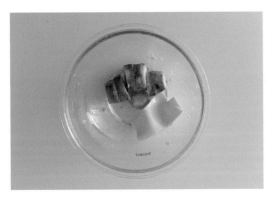

1. 큰 볼에 찐 고구마와 아기 치즈를 넣고 으깨 주세요. (퍽퍽하면 우유를 조금 넣어 섞어 주세요.)

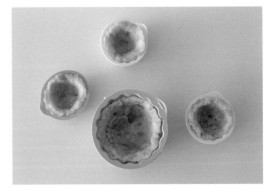

2. 머핀틀에 으깬 고구마 반죽을 넓게 펴 주세요.

3. 노른자와 우유를 섞어 필링을 만들어 반죽 안에 부어 주세요.

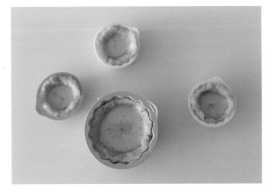

4. 에어프라이어에서 160도로 4~5분간 돌려 주세요.

TIP

타르트 안에 필링은 달걀 대신 사과 혹은 과일퓨레를 넣을 수 있어요.

고구마 팬케이크

고구마는 식이섬유가 풍부해서 자주 사용하는 식재료 중 하나인데요. 아침에 밥 대신 고
구마 팬케이크 하나 챙겨 주면 든든한 아침 메뉴를 만들 수 있어요. 만들기도 너무 쉽고
아이도 잘 먹는 메뉴랍니다.

재료 (2인분)

☐ 찐 고구마 1개(80g) ☐ 우유 조금(70ml) ☐ 기름 조금
☐ 달걀 1개 ☐ 쌀가루 6작은술(30g)

1. 큰 볼에 찐 고구마를 담아 주세요.

2. 달걀과 쌀가루를 넣어 주세요.

3. 우유까지 부은 후 다 같이 섞어 반죽을 만들어 주세요.

4. 프라이팬에 기름을 둘러 전을 약불로 익혀 주세요.

TIP

그릭 요거트나 알룰로스를 뿌려서 같이 먹으면 금상첨화랍니다.

무염

고구마 스콘

돌 전 아이에게도 만들어 줄 수 있는 영양간식이에요.
고구마 빵과는 또 다른 매력이 있어 맛있는 간식이랍니다.
어른도 같이 먹을 수 있어 온 가족이 즐길 수 있는 간식으로 만들어 보세요.

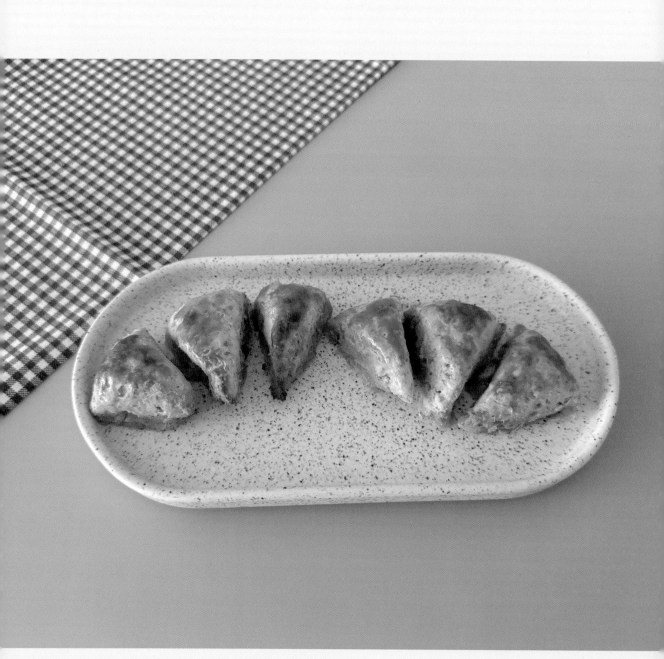

재료 (1~2인분)

□ 찐 고구마 1개(80g)   □ 달걀노른자 1개   □ 우유 조금(20ml)   □ 아기 치즈 1장
□ 달걀흰자 1개   □ 무염버터 7g   □ 오트밀가루 6작은술(30g)

1. 큰 볼에 찐 고구마, 아기 치즈, 무염버터를 넣고 섞어 주세요.

2. 오트밀가루와 달걀흰자를 넣어 주세요.

3. 우유를 넣고 다 같이 섞어 반죽을 만들어 주세요.

4. 동그란 모양으로 반죽을 2덩이 만들어 주세요.

5. 케이크 모양으로 칼집을 내 주세요.

6. 오븐 용기에 반죽을 올려 달걀노른자를 묻힌 후 에어프라이어에서 170도로 15분간 돌려 주세요.

🍲 **TIP**

• 각 집마다 에어프라이어 출력이 다를 수 있어요. 170도로 12분간 먼저 돌려본 후 젓가락으로 찔러 보세요.
• 반죽이 묻어나오면 2~3분간 더 돌리면 된답니다.

무염

아이 수제 어묵

초기 유아식 시기에 수제 어묵을 자주 해 줬던 기억이 있습니다.
생각보다 어렵지 않아 쉽게 만들 수 있는 레시피예요. 아이에게 어묵은 먹여보고 싶은데,
첨가물 때문에 걱정되는 엄마들을 위한 레시피니 꼭 만들어 보길 바랄게요.

재료 (1인분)

☐ 새우 5마리   ☐ 애호박 조금(20g)
☐ 당근 조금(10g)   ☐ 쌀가루 4작은술(20g)

1. 당근, 애호박, 새우를 다지기에 곱게 다져 주세요.

2. 큰 볼에 다진 재료를 넣고 쌀가루와 함께 섞어 반죽을 만들어 주세요.

3. 반죽을 스틱 혹은 볼 모양으로 뭉쳐 주세요.

4. 찜기에 중강불로 15~20분간 쪄 주세요.

 TIP

대구살이 있다면 쌀가루와 함께 넣고 만들어 주세요. 더 맛있답니다.

무염

감자 고로케

감자 고로케는 반찬으로도 간식으로도 손색없는 메뉴예요.

빵가루로 튀기는 게 부담스럽다면 빵가루 대신 오트밀가루를 활용하는 방법도 있답니다.

감자 하나만 있으면 쉽게 만들어볼 수 있는 메뉴예요.

재료 (1인분)

☐ 찐 감자 1개(100g)   ☐ 달걀 2개   ☐ 기름 조금
☐ 아기 치즈 1장   ☐ 빵가루 넉넉히

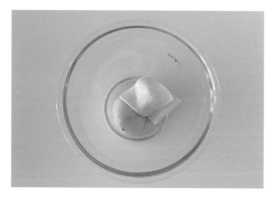

1. 큰 볼에 찐 감자와 아기 치즈를 넣고 으깨서 섞어 주세요.

2. 볼 모양으로 만들어 달걀을 풀어 묻혀 주고 그다음 빵가루를 묻혀 주세요.

3. 반죽에 기름을 뿌려서 에어프라이어에서 165도로 10분간 돌려 주세요.

 TIP

기름을 많이 쓰지 않으려면 기름에 튀기는 것보다 에어프라이어를 활용하는 게 더 좋답니다.

무염

애호박 바나나 팬케이크

애호박은 비타민 A와 C가 다량 함유되어 있어 소화불량 개선에 도움을 주고
바나나는 식이섬유, 비타민 C가 풍부해서 소화 개선, 면역력 강화에 도움이 됩니다.
바나나가 달콤해서 애호박을 넣어 주면
애호박을 싫어하는 아이도 잘 먹는 메뉴가 될 거예요.

재료 (2인분)

☐ 바나나 2개(150g) ☐ 달걀 1개 ☐ 기름 조금

☐ 애호박 조금(50g) ☐ 쌀가루 4작은술(20g)

1. 큰 볼에 바나나와 다진 애호박, 쌀가루와 달걀을 넣고 다 같이 으깨 섞어 주세요.

2. 프라이팬에 기름을 둘러 팬케이크 모양을 만들어 약불로 익혀 주세요.

🍲 **TIP**

아가베 시럽을 조금 뿌리면 더 달콤하게 먹을 수 있어요. 우유와 함께 제공해 주세요.

무염

고구마 사과 파이

고구마와 사과는 식이섬유가 많아 장내 환경을 개선해 주는데
특히 도움이 많이 된다고 하죠. 각각 먹어도 훌륭하지만,
고구마와 사과 조합으로 파이를 만들어 보세요. 아침 대용으로 손색없고,
하나만 먹어도 묵직해서 든든한 아침이 될 거예요.

재료 (2인분)

☐ 삶은 고구마 2개(200g)   ☐ 달걀 1개   ☐ 무염버터 7g
☐ 사과 1/5개(50g)   ☐ 달걀노른자 1개   ☐ 쌀가루 4작은술(20g)

1. 큰 볼에 삶은 고구마, 달걀, 무염버터를 녹여 넣어 다 같이 섞어 주세요.

2. 고구마에 쌀가루를 넣고 고구마 반죽을 만들어 주세요.

3. 사과를 다지기로 곱게 다져 사과 반죽을 만들어 주세요.

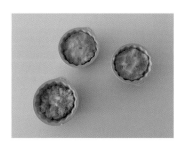

4. 머핀틀에 고구마 반죽, 사과 반죽, 고구마 반죽 순으로 채워 주세요.

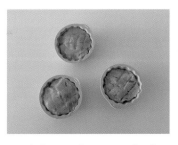

5. 달걀노른자를 고구마 반죽 위에 발라 주세요.

6. 에어프라이어에서 170도로 10분간 돌려 주세요.

🍲 **TIP**

달걀노른자 묻히는 과정은 생략해도 됩니다.

무염

바나나 땅콩버터 토스트

땅콩버터와 바나나가 만나면 달콤함과 고소함이 조화를 이루며,
땅콩버터의 풍미가 바나나의 달콤한 맛을 더욱 돋보이게 만들어 줘요.
땅콩버터는 단백질과 건강한 지방을 공급하고, 바나나는 식이섬유가 풍부해서 궁합이
좋답니다. 아이에게 든든한 아침 식사로 제공해 주세요.

재료 (2인분)

☐ 바나나 1/2개(65g)   ☐ 식빵 1장
☐ 땅콩버터 2작은술   ☐ 무염버터 15g

1. 바나나를 얇게 썰어 주세요.

2. 프라이팬에 기름 없이 식빵을 넣어 약불로 1분간 구워 주세요.

3. 구운 식빵에 땅콩버터를 발라 주세요.

4. 프라이팬에 무염버터를 녹여 중약불로 1분간 바나나를 구워 주세요.

5. 땅콩버터 바른 식빵 위에 바나나를 한 조각씩 올려 주세요.

TIP

식빵을 위에 샌드위치처럼 덮어서 아이가 먹기 좋은 크기로 잘라 줘도 좋습니다.

PART 6

오늘은 특별한 날, 스페셜 요리

오늘 만큼은 아이에게 특별한 요리를 해 주고 싶다면
보기에도 예쁜 요리지만 초보 엄마도 쉽게 만들 수 있는 특급 메뉴를 추천합니다.

무염

시금치 프리타타

시금치와 토마토의 궁합이 참 잘 어울리죠. 프리타타는 채소, 고기, 치즈, 파스타 등을
달걀물에 넣고 구운 이탈리아식 오믈렛이에요. 시금치, 토마토는 가장 쉽게 구할 수 있는
식재료지만, 이 안에 고기나 다른 채소 등을 넣어 색다르게 만들어 볼 수 있어요.
보기에도 예쁘고 만들기도 간단한 음식이랍니다.

재료 (2인분)

- □ 시금치 70g
- □ 방울토마토 5개
- □ 달걀 2개
- □ 우유 조금(80ml)
- □ 기름 조금

1. 시금치를 깨끗하게 씻어 주세요.

2. 방울토마토를 2등분으로 잘라 주세요.

3. 큰 볼에 달걀을 풀어 우유를 넣어 주세요.

4. 프라이팬에 기름을 두르고 시금치와 방울토마토를 넣어 중강불로 1~2분간 볶아 주세요

5. 볶은 시금치와 방울토마토는 오븐 용기에 깔고 그 위에 풀어놓은 달걀물을 부어 에어프라이어에서 180도로 13분간 돌려 주세요.

🍲 **TIP**

시금치 프리타타 위에 아기 치즈를 뿌리면 더 맛있게 먹을 수 있어요.

무염

감자 프리타타

감자로 만들 수 있는 요리가 정말 많은데요.
반찬도 되고 간식도 되는 감자 프리타타를 만들어 보세요.
시금치 프리타타와는 또 다른 느낌이 든답니다.

재료 (2인분)

- □ 감자 1개(100g)
- □ 달걀 2개
- □ 소고기 다짐육 200g
- □ 채수 1컵(200ml)
- □ 애호박 3/5개(200g)
- □ 당근 2개(200g)
- □ 양파 2개(180g)

1. 감자를 얇게 잘라 주세요.

2. 프라이팬에 애호박, 당근, 양파를 다져서 볶은 후 반 정도 익으면 소고기 다짐육도 같이 넣고 볶다가 채수를 넣고 졸여 채소 소고기볶음을 만들어 주세요.

3. 프라이팬 위에 자른 감자를 올린 후 채소 소고기 볶음을 90g 올려 달걀을 풀어 부어 주고 뚜껑을 덮어 약불로 5~10분간 익혀 주세요.

 TIP

토마토소스가 있다면 감자 위에 올려도 좋아요.

무염

양배추 소고기 오믈렛

양배추와 소고기는 궁합이 잘 어울리는데요.
이 두 조합으로 색다르게 오믈렛을 만들어 보세요.
의외로 맛있고 아이가 계속 찾는 메뉴랍니다. 어른 다이어트 음식으로도 제격이에요.

재료 (2인분)

- □ 양배추 50g
- □ 양파 조금(20g)
- □ 무염버터 7g
- □ 소고기 60g
- □ 달걀 2개
- □ 아기 치즈 1장

1. 양배추, 양파를 다지기에 곱게 다져 주세요.

2. 프라이팬에 무염버터와 양배추, 양파를 넣어 중강불로 5분간 볶아 주세요.

3. 소고기까지 같이 넣고 중강불로 1~2분간 볶아 주세요.

4. 볶음을 잠깐 빼두고 달걀을 풀어 약불로 부쳐 주세요.

5. 가장자리가 어느 정도 익었으면 볶음을 올리고 그 위에 아기 치즈까지 올려 주세요.

6. 달걀 양면을 접어 주세요.

 TIP

간을 하는 아이라면 무염버터가 아닌 가염버터를 사용해서 만들 수 있어요.

무염

양배추 오이 샐러드

여름이면 불 앞에서 요리하기 쉽지 않은데요.
가끔 식판이 한 칸 비어서 난감할 때 해 주기 좋은 반찬이랍니다.
샐러드를 해 주고 싶은데 마요네즈가 부담스러우셨던 분들은
이 레시피를 꼭 활용해 보세요.

재료 (2인분)

□ 양배추 20g
□ 오이 조금(10g)
□ 요거트 100g

1. 양배추와 오이를 얇게 채 썰어 주세요.

2. 양배추는 전자레인지 용기에 넣고 전자레인지
에 1분간 돌려서 익혀 주세요.

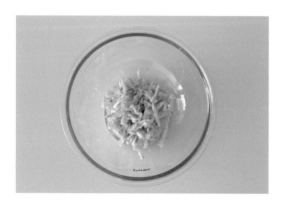

3. 큰 볼에 준비한 양배추, 오이, 요거트를 모두
넣고 섞어 주세요.

 TIP

그릭 요거트가 아닌 일반 아기 요거트를 사용해 주세요.

무염

감자 달걀 샐러드

감자 달걀 샐러드는 식빵이나 모닝빵의 속재료로 활용해 볼 수도 있지만, 그
자체로 먹어도 아이가 잘 먹는 반찬이랍니다. 부드럽고 포만감 있어서
아침 대용으로 먹어 볼 수도 있어요.

재료 (2인분)

□ 찐 감자 2개(200g)
□ 삶은 달걀 1개
□ 우유 조금(10ml)

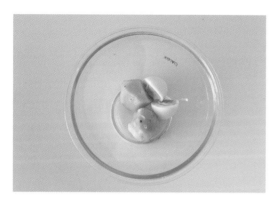

1. 큰 볼에 찐 감자와 삶은 달걀을 넣고 같이 으깨 주세요.

2. 우유를 넣고 더 부드럽게 만들어 주세요.

 TIP

우유 대신 요거트를 넣어볼 수도 있어요. 우유가 모자라면 10ml 더 추가해 주세요.

무염

고구마 사과 샐러드

고구마와 사과는 궁합이 좋아서 샐러드로 만들거나 잼으로 활용해 볼 수 있어요.
그냥 간식으로 먹어도 포만감이 좋아서 간단하게 제공해 줘도 좋답니다.

재료 (3~4인분)

☐ 삶은 고구마 2개(200g)
☐ 사과 1/5개(60g)
☐ 요거트 100g

1. 사과를 다지기에 잘게 다져 주세요.

2. 큰 볼에 삶은 고구마, 다진 사과, 요거트를 넣고 으깨 다 같이 섞어 주세요.

 TIP

사과 양을 조금 더 늘려서 제공해 줘도 좋답니다.

무염

오이 사과 샐러드

식이섬유가 많은 사과와 오이가 만나면 깔끔하고 시원한 맛을 느낄 수 있는데요.
이 메뉴는 아이뿐만 아니라 어른이 먹기에도 충분해서 온 가족 메뉴로
간단하게 만들어 먹을 수 있고, 샌드위치 속 재료로 활용해 볼 수도 있답니다.

재료 (3~4인분)

☐ 오이 조금(40g)
☐ 사과 1/2개(120g)
☐ 요거트 100g

1. 오이 씨를 제거해 작게 잘라 주고, 사과는 얇게 썰어 주세요.

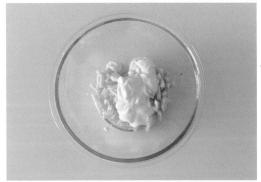

2. 큰 볼에 준비한 오이, 사과, 요거트를 부어 섞어 주세요.

 TIP

느끼한 음식에 잘 어울려서 피클 대신 먹어도 좋답니다.

저염 오트밀 쌀 수제비

비가 오고 쌀쌀한 날이면 수제비가 생각나죠.
밀가루 반죽이 부담스러울 때 쌀과 오트밀가루를 활용해서 수제비를 만들어 보세요.
조금 더 건강하고 소화 잘되는 수제비를 만들 수 있어요.

재료 (2인분)

☐ 애호박 1/4개(70g) ☐ 달걀 1개 ☐ 채수 3컵(600ml) ☐ 오트밀가루 4작은술
☐ 양파 조금(20g) ☐ 물 조금(35ml) ☐ 쌀가루 6작은술 ☐ 간장 1큰술

1. 큰 볼에 쌀가루, 오트밀가루, 물을 섞어서 반죽을 만들어 주세요.

2. 애호박과 양파는 채 썰어 주세요.

3. 냄비에 채수를 붓고 준비한 채소와 간장을 넣어 강불로 5~10분간 끓여 주세요.

4. 어느 정도 끓었을 때 반죽을 떼서 수제비를 만들어 넣고 달걀을 풀어 중약불로 5분간 더 끓여 주세요.

 TIP

맑은 수제비를 원한다면 달걀을 빼고 만들면 된답니다.

무염

무수분 수육

돼지고기는 알레르기가 있을 수도 있어 미리 알레르기 테스트를 해 보는 게 좋아요.
돼지고기에는 단백질, 비타민 등 여러 가지 영양소를 골고루 함유하고 있어
피로 회복에도 효과가 있답니다. 수육은 담백하게 먹을 수 있기 때문에
아이에게 주기 좋은 돼지고기 레시피 중 하나예요.

재료 (3~4인분)

☐ 삼겹살(혹은 목살) 1.2kg   ☐ 양파 2개(180g)
☐ 사과 1개(240g)   ☐ 대파 2뿌리

1. 사과, 양파, 대파를 크게 잘라 주세요.

2. 냄비에 준비한 재료를 차곡차곡 깔아 주세요

3. 그 위에 삼겹살을 겹치지 않은 채 펼쳐 올린 후 뚜껑을 닫고 중약불로 30~40분간 끓이면 완성입니다.

 TIP

아이에게 줄 때는 비계 부분은 제외하고 제공해 주세요.

저염

규동

고기와 달걀, 채소까지 한 번에 먹일 수 있는 메뉴가 바로 규동이죠.
특히 아이가 잘 먹어 주는 메뉴라서 해 줄 때마다 싹싹 먹는데요.
만들기도 쉽고 시간도 오래 걸리지 않는 메뉴랍니다.

재료 (2인분)

- □ 소고기 60g
- □ 양파 1/2개(45g)
- □ 달걀 1개
- □ 채수 3/4컵(150ml)
- □ 배도라지즙 조금(50ml)
- □ 간장 1큰술
- □ 올리고당 1/2큰술

1. 양파를 채 썰어 주세요.

2. 채수, 배도라지즙, 간장, 올리고당을 넣고 섞어서 양념을 만들어 주세요.

3. 프라이팬에 기름을 두르고 양파를 넣어 중강불에 1분간 볶다가 양념을 부어 주세요.

4. 소고기를 넣고 중약불로 5분간 더 조려 주세요.

5. 달걀을 풀어 두른 뒤 젓지 말고 기다려 주세요.

 TIP

팽이버섯이 있다면 같이 넣어 주세요. 더 맛있는 규동이 될 거예요.

저염

소불고기

미역국과 더불어 소불고기 역시 생일상에 빠질 수 없는 대표메뉴 중 하나죠.
여기에 당면을 넣어서 먹을 수도 있고, 국물을 자작하게 만들어
소불고기 덮밥으로도 먹을 수 있어요. 한번 만들어 두면 활용도가 높답니다.

재료 (2~3인분)

☐ 소고기 200g ☐ 애호박 조금(30g) ☐ 간장 3작은술
☐ 양파 1/2개(45g) ☐ 배도라지즙 1/2컵(100ml)

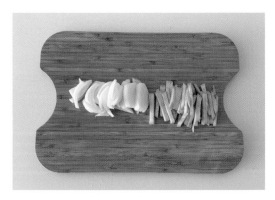

1. 양파와 애호박을 채 썰어 주세요.

2. 배도라지즙과 간장을 섞어 양념을 만들어 소고기에 넣고 냉장고에 넣어 1시간 이상 재워 주세요.

3. 냄비에 재워 둔 소고기를 넣어 중강불로 2분간 볶다가 썰어둔 채소를 넣고 채소가 익을 때까지 볶아 주세요.

 TIP

당근이 있다면 같이 넣고 볶아 주세요.

저염 고구마 카레

카레에는 보통 고기와 감자가 들어가지만, 고기를 빼고 감자 대신 고구마를 넣어 카레를
만들 수 있답니다. 고구마의 달달함이 배가 되고, 카레에 들어간 채소는 잘 먹는 메뉴가
될 거예요.

재료 (4인분)

☐ 고구마 1개(80g) ☐ 애호박 조금(30g) ☐ 물 1과 1/2컵(300ml) ☐ 기름 조금

☐ 새송이버섯 1개(90g) ☐ 양파 조금(20g) ☐ 카레가루 3작은술

1. 고구마, 양파, 애호박, 새송이버섯을 깍둑썰어 주세요.

2. 냄비에 기름을 두르고 준비한 채소를 넣어 중강불로 1~2분간 볶아 주세요.

3. 물을 넣고 중불로 15분간 끓여 주세요.

4. 카레가루를 풀어 중약불로 10분간 더 끓여 주세요.

🍲 **TIP**

어느 정도 채소가 익었으면 불을 끄고 좀 식혀 주세요. 우리가 생각하는 꾸덕한 카레가 될 거예요.

저염

토마토 양파 카레

카레에 토마토를 넣으면 새콤하고 상큼한 맛이 더해져 색다른 카레가 완성되는데요.
카레에 고기 대신 토마토와 양파를 넣어 건강한 카레를 만들 수 있어요.

재료 (2인분)

- ☐ 토마토 2개
- ☐ 양파 1개(90g)
- ☐ 고구마 1개(70g)
- ☐ 새송이버섯 1/2개(45g)
- ☐ 카레가루 5큰술
- ☐ 무염버터 15g
- ☐ 물 2컵(400ml)

1. 토마토, 새송이버섯을 깍둑썰어 주세요.

2. 양파, 고구마도 깍둑썰어 주세요.

3. 냄비에 무염버터와 양파를 넣어 중강불로 1분간 볶아 주세요.

4. 나머지 준비한 재료를 중강불로 2분간 더 볶아 주세요.

5. 물을 조금 넣고 중강불로 5분간 끓여 주세요.

6. 남은 물에 카레가루를 풀어 넣고 중강불로 10분간 더 끓여 주세요.

🍲 TIP

카레가루를 미리 물에 풀어 주면 뭉치지 않아요.

밥도그

아이가 밥을 잘 안 먹을 때 해 주기 좋은 메뉴예요.
핫도그 모양으로 만드는 밥도그는 보는 재미도 있으면서
아이가 잘 안 먹는 채소를 넣어 편식 극복 레시피로 활용해 볼 수도 있답니다.

재료

□ 밥 90g   □ 아기 치즈 1장   □ 기름 조금   □ 꼬치 4개
□ 달걀 2개   □ 후리가케 2작은술   □ 빵가루 넉넉히

1. 밥에 후리가케를 넣고 섞어 주세요.

2. 밥을 동그랗게 뭉쳐 그 안에 아기 치즈를 넣어 주세요.

3. 꼬치를 밥에 꽂아준 후 달걀을 풀어 묻혀 주고 그 다음 빵가루 순으로 묻혀 주세요.

4. 밥에 기름을 발라서 에어프라이어에서 165도로 10분간 돌려 주세요.

 TIP

후리가케 대신 채소 볶음을 사용해도 좋습니다. 에어프라이어에 넣을 때는 뿌리는 기름을 사용해도 좋습니다.

당근 달걀 김밥

무염

김밥은 채소를 편식하는 아이에게 만들어 주면 좋은 레시피 중 하나죠. 아직은 입이 작아 어린이 김을 사용해 봤어요. 당근은 그냥 주면 안 먹지만, 김밥에 넣어 주면 잘 먹는 식재료예요. 당근은 베타카로틴을 함유하고 있어 올리브유와 함께 요리하면 건강효과가 높아져요. 당근과 달걀만 넣어도 훌륭한 김밥이 완성됩니다.

재료 (1인분)

□ 밥 100g
□ 조미되지 않은 김 2팩

□ 당근 1/2개(50g)
□ 달걀 2개

□ 참기름 1작은술
□ 기름 조금

1. 프라이팬에 기름을 두르고 달걀을 넣어 스크램블을 만들어 주세요.

2. 당근을 채칼로 썰어 중약불로 2~3분간 기름에 볶아 주세요.

3. 밥에 참기름을 넣고 밑간을 해 주세요.

4. 조미되지 않은 김에 밥을 깔고 당근과 달걀을 올려 돌돌 말아 김밥을 만들어 주세요.

 TIP

아이가 씹는 걸 어려워하는 시기라면 3등분을 해서 제공해 주세요.

저염

소고기 또띠아 밥피자

한 그릇 음식보다 더 간단한 음식을 해 주고 싶을 때 하기 좋은 메뉴예요.
밥까지 넣어서 한 끼로도 충분히 먹을 수 있답니다.
주말 간식이나 점심에 한 끼 대용으로 해 보길 바랄게요.

재료

- ☐ 소고기 100g
- ☐ 또띠아 2장
- ☐ 밥 70g
- ☐ 양파 1/2개(50g)
- ☐ 배도라지즙 조금(15ml)
- ☐ 토마토소스 2작은술
- ☐ 간장 1작은술
- ☐ 아기 치즈 2장
- ☐ 기름 조금

1. 프라이팬에 기름을 두르고 양파를 잘게 다져 넣고 소고기까지 넣어 중강불로 1분간 볶아 주세요.

2. 소고기가 익으면 배도라지즙과 간장을 넣고 중약불로 2~3분간 조려 주세요.

3. 또띠아 위에 토마토소스를 발라 주세요.

4. 토마토 소스 위에 준비한 소고기와 밥을 올리고 맨 위에 아기 치즈를 올려 주세요.

5. 또띠아를 그 위에 덮어 에어프라이어에서 170도로 9분간 돌려 주세요.

 TIP

좀 더 큰 아이는 아기 치즈 대신 피자 치즈를 넣어 주면 더 맛있어요.

두부 스테이크

두부는 밭에서 나는 소고기라고 불릴 만큼 단백질이 풍부합니다.
식감도 부드러워 아이가 잘 먹는 재료 중 하나예요. 소고기 대신 두부를 활용해 보세요.
아이가 잘 안 먹는 채소를 넣어 만들어 주면 더 좋답니다.

재료 (2~3인분)

□ 두부 1/2모(150g) □ 달걀 1개 □ 아기 치즈 2장
□ 파프리카 조금(30g) □ 전분가루 2큰술 □ 기름 조금

1. 파프리카를 다져 주세요.

2. 큰 볼에 다진 파프리카와 두부, 달걀과 전분가루를 넣고 섞어 반죽을 만들어 주세요.

3. 프라이팬에 기름을 두르고 반죽을 넣어 약불로 익힌 후 아기 치즈를 위에 올리면 완성입니다.

 TIP

간을 하는 아이라면 반죽 과정에서 소금으로 간을 꼭 맞춰 주세요. 파프리카 대신 집에 있는 채소를 사용해도 무방합니다.

무염

브로콜리 달걀 스크램블

브로콜리에는 항암 작용을 하는 카로티노이드 성분이 풍부하고,
달걀은 이 성분이 흡수가 잘되도록 도와준다고 해요.
의외로 두 재료의 궁합이 잘 어울리고 이렇게 해 주면 아이도 잘 먹는 답니다.

재료 (2인분)

□ 브로콜리 5줄기
□ 달걀 1개
□ 기름 조금

1. 브로콜리를 끓는 물에 2~3분간 데쳐 주세요.

2. 프라이팬에 기름을 두르고 브로콜리를 넣어 중약불로 2~3분간 볶아 주세요.

3. 달걀을 풀어 스크램블해 주세요.

 TIP

간을 하는 아이라면 소금 한두 꼬집 넣어 간을 맞춰 주세요.

무염

새우 완자

새우 완자는 초기 유아식부터 먹을 수 있는 반찬이죠.
새우와 각종 채소가 들어가 다른 반찬 없어도 한 끼 뚝딱할 수 있고,
새우 완자를 만들어 두면 다양하게 활용할 수 있어요.

재료 (2인분)

- □ 당근 조금(20g)
- □ 양파 조금(10g)
- □ 애호박 조금(20g)
- □ 새우 10마리
- □ 달걀 1개
- □ 전분가루 1작은술
- □ 쌀가루 1작은술

1. 당근, 양파, 애호박을 다지기에 넣어 작게 다져 주세요.

2. 새우도 곱게 다져 주세요.

3. 큰 볼에 준비한 채소와 새우를 넣고 달걀, 전분가루, 쌀가루까지 넣어 주세요.

4. 반죽을 동글한 볼을 만들어 주세요.

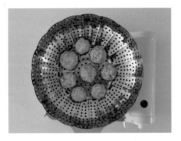

5. 찜기에 반죽을 넣어 중강불로 10~15분간 쪄 주세요.

 TIP

새우 완자를 만들 때 채소와 새우를 1대 1 비율로 하면 좋습니다.

무염 소고기 완자

초기 유아식에 자주 만들어 주던 메뉴예요.
식감 때문에 소고기를 안 먹는 아이라면, 소고기 완자로 부드럽게 만들어 주세요.
소고기 완자도 만들어 두면 크림소스, 토마토소스, 볶음밥 등
다양하게 활용하기 좋은 메뉴랍니다.

재료 (2인분)

☐ 소고기 다짐육 60g   ☐ 애호박 조금(20g)
☐ 당근 조금(20g)   ☐ 쌀가루 2작은술

1. 당근, 애호박을 다지기로 다져 주세요.

2. 큰 볼에 소고기 다짐육, 다진 채소, 쌀가루를 넣어 주세요.

3. 다 같이 섞어서 반죽을 만들어 주세요.

4. 반죽을 동글한 모양으로 만들어 주세요.

5. 찜기에 반죽을 넣고 중강불로 10~15분간 쪄 주세요.

🍲 **TIP**

쌀가루가 없다면 밀가루나 전분가루 둘 다 가능합니다.

잡채

잡채는 아이 생일상에 꼭 올라가는 요리죠.
어려워 보이지만 막상 해보면 정말 쉬운 음식이에요.
고기 대신 새송이버섯과 어묵을 넣고 만들 수 있답니다.

재료 (2인분)

□ 당면 50g   □ 당근 조금(20g)   □ 간장 2작은술   □ 기름 조금

□ 새송이버섯 1개(90g)   □ 부추 10g   □ 참기름 1작은술

□ 어묵 1장   □ 다진 마늘 5g   □ 올리고당 1작은술

1. 당면을 물에 넣고 1시간 이상 불려 주세요.

2. 어묵을 끓는 물에 1분간 데쳐 주세요.

3. 간장, 참기름, 다진 마늘, 올리고당을 넣고 양념을 만들어 주세요.

4. 프라이팬에 기름을 두르고 어묵, 당근, 부추를 채 썰어 넣고, 새송이버섯은 길게 잘라 넣은 후 중강불로 1분간 볶아 준 후 잠깐 빼 주세요.

5. 불린 당면에 물을 약간 넣고 양념장을 넣어 중약불로 1~2분 간 조려 주세요.

6. 볶은 채소를 같이 섞어 중약 불에 5분간 볶아 주세요.

🍲 **TIP**

저는 고기 대신 어묵을 넣었지만, 어묵이 없으면 고기를 넣어도 좋답니다.

저염

고구마 맛탕

고구마 맛탕은 어른도 아이도 좋아하는 간식이자 반찬이죠.
고구마의 달콤한 맛 덕분에 언제 만들어 줘도 잘 먹는 음식이랍니다.
식이섬유소가 풍부해서 포만감이 오래가는 고구마 반찬을 만들어 보세요.

재료 (1인분)

☐ 고구마 1개(80g)
☐ 알룰로스 2작은술
☐ 기름 조금

1. 고구마를 깍둑썰어 준비해 주세요.

2. 오븐 용기에 준비한 고구마를 넣고 기름을 충분히 둘러 주세요.

3. 에어프라이어에서 180도로 10~15분간 돌려 주세요.

4. 알룰로스를 넣어 섞어 주세요.

 TIP

에어프라이어는 집마다 출력이 다르니 10분간 먼저 돌려보고 시간을 가감해 주세요.

땅콩소스 두부구이

두부구이는 그냥 구워 주거나, 간장양념을 많이 하는데
땅콩소스로 만들어 두부구이 위에 뿌려 주면 상큼하면서도 달콤한 맛이 나서
두부구이와 잘 어울린 답니다.

재료 (1~2인분)

☐ 두부 조금(50g)　　　☐ 땅콩버터 1큰술　　　☐ 식초 1작은술　　　☐ 기름 조금
☐ 새송이버섯 1/2개(45g)　☐ 물 조금(45ml)　　　☐ 올리고당 1작은술

1. 두부를 깍둑썰기로 썰어 주고, 새송이버섯은 작게 썰어 주세요.

2. 프라이팬에 기름을 두르고 준비한 두부와 새송이버섯을 넣어 중약불로 1~2분간 구워 주세요.

3. 땅콩버터, 물, 식초, 올리고당을 섞어 양념을 만들어 준비해 주세요.

4. 두부구이 위에 양념을 뿌려 주세요.

 TIP

새송이버섯이 없다면 생략해도 좋답니다.

무염

브로콜리 푸딩 달걀찜

브로콜리는 세계에서 가장 잘 알려진 푸른잎 채소예요.
부드러운 달걀찜 안에 브로콜리를 넣어 보세요.
예쁜 색감에 한 번 반하고, 식감에 두 번 반할 거예요.

재료 (2인분)

☐ 브로콜리 5줄기   ☐ 우유 조금(60ml)
☐ 달걀 2개   ☐ 물 조금(60ml)

1. 브로콜리를 세척해서 작은 크기로 잘라 주세요.

2. 달걀을 풀어 체망에 걸러 주세요.

3. 큰 볼에 푼 달걀과 우유와 물을 넣어 달걀물을 만들어 주세요.

4. 용기에 달걀물을 붓고 브로콜리를 넣어 찜기에 중강불로 15분간 쪄 주세요.

 TIP

체망에 걸러 주면 부드러운 푸딩 달걀찜을 만들 수 있어요. 정말 부드러워서 아이가 잘 먹는 답니다. 안 먹는 브로콜리도 숨겨서 같이 넣어 주세요.

라구소스

무염

소고기와 각종 채소, 토마토를 넣어 만드는 소스예요.
새콤달콤한 맛 때문에 아이가 좋아하고 소고기까지 들어가 있어 영양 만점이죠.
특별하게 간을 하지 않아도 풍부한 맛이 나고 후기 이유식부터 먹여볼 수 있어요.

재료 (3~4인분)

☐ 소고기 다짐육 120g   ☐ 양파 1개(70g)

☐ 토마토 2개(320g)   ☐ 애호박 조금(50g)

1. 토마토에 십자 모양 칼집을 내고 끓는 물에 넣어 1~2분간 데쳐 주세요.

2. 토마토 껍질을 벗겨 믹서기에 갈아 주세요

3. 양파, 애호박을 다지기로 곱게 갈아 주세요.

4. 프라이팬에 기름을 두르고 소고기 다짐육을 넣어 중강불에 1~2분간 볶아 주세요.

5. 소고기가 익으면 다져 놓은 채소를 넣고 중강불에 2분간 다 같이 볶아 주세요.

6. 토마토소스를 부어 중강불로 수분이 날아갈 때까지 볶아 주세요.

🍲 **TIP**

채소는 집에 남아 있는 채소를 넣어 주어도 좋답니다.

MEMO

입맛은 살리고 건강을 채우는

율아맘의
무염·저염 유아식

펴낸날   초판 1쇄 2024년 11월 29일
           2쇄 2024년 12월 30일

지은이   율아맘 김시연

펴낸이   강진수
편 집   김은숙, 설윤경
디자인   이재원

인 쇄   (주)사피엔스컬쳐

펴낸곳   (주)북스고   **출판등록**   제2024-000055호 2024년 7월 17일
주 소   서울시 서대문구 서소문로 27, 2층 214호
전 화   (02) 6403-0042   **팩 스**   (02) 6499-1053

© 김시연, 2024

ISBN   979-11-6760-088-2   13590

책 출간을 원하시는 분은 이메일 booksgo@naver.com로 간단한 개요와 취지, 연락처 등을 보내주세요.
Booksgo는 건강하고 행복한 삶을 위한 가치 있는 콘텐츠를 만듭니다.